图解 5G无线设备安装工艺

朱　伟◎主编

徐　超　李　勇　郭复胜　纪士伟　石　晶◎副主编

人民邮电出版社

北　京

图书在版编目（CIP）数据

图解5G无线设备安装工艺 / 朱伟主编. -- 北京 :
人民邮电出版社, 2021.11（2024.7重印）
ISBN 978-7-115-57274-5

Ⅰ. ①图… Ⅱ. ①朱… Ⅲ. ①第五代移动通信系统－
通信设备－设备安装－图解 Ⅳ. ①TN929.53-64

中国版本图书馆CIP数据核字(2021)第176725号

内 容 提 要

5G移动通信技术是新一代蜂窝移动通信技术。5G网络具有高速度、泛在网、低功耗、低时延、万物互联等特点，这些特点为5G技术在大数据、人工智能等方面的应用带来了极大的可能。

优良的施工质量是5G网络安全、可靠运行的保证，而规范化施工现场管理和施工步骤则是优良施工质量的保证，也是施工企业效益的保证。本书旨在帮助一线施工人员快速掌握5G移动通信设备及配套设施的施工流程和技术要点，同时对施工过程中涉及的相关安全要求进行了简要阐述。本书适合参与5G目实施过程的运维人员、报考职业资格认证的人员，以及高职院校相关专业的学生阅读。

◆ 主　　编　朱　伟
副 主 编　徐　超　李　勇　郭复胜　纪士伟　石　晶
责任编辑　王建军
责任印制　陈　犇

◆ 人民邮电出版社出版发行　　北京市丰台区成寿寺路11号
邮编　100164　　电子邮件　315@ptpress.com.cn
网址　https://www.ptpress.com.cn
固安县铭成印刷有限公司印刷

◆ 开本：787×1092　1/16
印张：7.5　　　　2021年11月第1版
字数：173千字　　　　2024年7月河北第3次印刷

定价：79.90元

读者服务热线：(010)53913866　印装质量热线：(010)81055316
反盗版热线：(010)81055315
广告经营许可证：京东市监广登字20170147号

前言

眼下全球多个国家都在为5G设备商用部署“重踩油门”，我国5G技术的应用发展已进入关键期，国内各大运营商纷纷投入大量资源建设5G项目。5G网络建设对国家实施网络强国战略起着至关重要的作用。5G项目的施工进度、质量直接影响我国在全球新一轮信息通信技术的领先地位。

中邮建技术有限公司（以下简称“中邮建”）始建于1958年，前身为江苏省邮电建设工程局。中邮建作为国家信息化建设的见证者和参与者，1992年，投身参与了国家“八横八纵”高速铁路网的建设；2007年，作为中国通信服务股份有限公司的全资子公司在中国香港上市；2011年，摘得行业内第一个国家级优质工程质量金奖“中国电信IP骨干网（CN2）工程”；2017年6月17日，国际电信联盟（ITU）在日内瓦公布“2017年信息社会世界峰会奖”（WSIS），“中邮建南水北调（东线）通信光缆项目”获得“信息和通信基础设施”类最佳优胜奖。这是WSIS的最高级别奖项，也是中国通信企业第一次在联合国的舞台上获此殊荣。

当前，中邮建积极投身5G建设浪潮中。为进一步提高工程建设的质量与效率，为行业高质量发展保驾护航，中邮建的技术专家不断创新工艺、工法，创新性地研发新的生产工具，将多年的技术经验总结提炼，编写了《图解5G无线设备安装工艺》，本书可以作为行业、企业、应用型高职院校的培训教材和从业人员的参考用书。

本书共分为7章，详细讲述了5G无线设备安装从施工交底到验收的整个工作流程。其中，第1章介绍了施工现场管控的安全知识、安全措施，包括特种作业证、劳动防护用品的合格状态识别、使用，现场危险源辨识等；第2章介绍了施工进场前需要完成的各项准备工作；第3章介绍了机房配套设备的安装步骤及技术要求，包括走线架、蓄电池、设备安装及电（线）缆布放成端；第4章介绍了室外一体化机柜和配套设备的安装步骤及技术要求，包括电源、设备安装及电（线）缆布放成端；第5章介绍了5G无线主设备的安装步骤及技术要求，包括室外AAU和GPS/BDS、室内BBU设备安装及电缆布放成端；第6章介绍了室内分布5G无线主设备的安装步骤及技术要求，包括BBU、RHUB、pRRU设备安装及电缆布放成端；第7章介绍了施工收尾环节的各项要求，包括施工质量自检、班组完成工作量统计及作业现场清理等。

本书第1章由周开军、何磊撰稿；第2章由郭复胜、陈育雷撰稿；第3章由郭复胜、杨建发、余成全撰稿；第4章由郭复胜、李新俊撰稿；第5章由刘轶成、吴畏彦撰稿；第6章由纪士伟、肖嘉熙撰稿；第7章由纪士伟撰稿；李勇、周兵、郭复胜、纪士伟、肖嘉熙、吴畏彦、马东林、田志景、李澄负责最后的核对和修正工作；朱伟担任本书主编，负责协调、校稿、最终定稿并撰写前言；徐超、李勇、郭复胜、纪士伟、石晶担任本书副主编，负责审稿。本书在编写的过程中得到了中邮建技术委员会的大力支持与帮助，在此表示衷心感谢。同时也非常感谢华为、中兴等设备厂商的鼎力协助。

本书编写的初衷是为5G无线设备网络建设略尽绵力，中邮建的技术专家通过不断总结自身工作经验，普及5G无线设备安装方面的基础知识和基本操作技能，帮助广大行业的新人快速了解行业、融入行业，适应工作需求。信息通信技术日新月异，编者水平有限，对于某些技术的理解可能有所偏差，加之时间仓促，书中难免有错误与不足之处，恳请读者批评指正。

朱伟

2021年7月于南京

目录

Chapter 1

第 1 章

施工现场安全管控

安全生产是企业发展的必要条件，是永不过时的话题。安全生产是生产过程中最重要、最基本的需求。对家庭来说安全就是和谐，对企业来说安全就是发展。施工班组一定要组织员工学习掌握安全知识并应用到实践中，要使每位员工在思想上做到从“要我安全”转变为“我要安全”。

1.1 安全生产相关知识

1.“安全生产”的定义

安全生产是指在生产经营活动中，为了使劳动过程在符合安全要求的物质条件和工作秩序下进行，防止人身伤亡事故、设备事故等各种意外情况的发生，保障施工人员的人身安全和生产、劳动过程的正常进行而采取的各种措施和从事的一切活动。

2. 安全生产工作的基本方针

“安全第一、预防为主、综合治理”是安全生产工作的基本方针。安全是人类生存、社会发展的基本条件，是生产活动中最重要、最基本的要求。安全生产是施工人员人身安全的保障，是社会稳定和经济发展的前提，每个人都应高度重视安全生产工作。

3. 安全生产管理的目的

安全生产管理的目的是减少和控制意外事故的发生，尽量避免在生产过程中因事故造成人身伤害、财产损失、环境污染以及其他损失。管理对象包括所有施工人员、设备、设施、材料及环境等。

4. 造成不安全的原因

安全事故的成因可以归结为四类因素：人的不安全行为、物的不安全状态、环境因素及管理缺陷。

（1）人的不安全行为

人的不安全行为是指施工人员在施工过程中，违反劳动纪律、操作程序和方法等具有危险性的做法，通常包含主观原因和客观原因。

主观原因包括：

① 施工人员在工作结束后不总结安全经验；

② 平时不主动学习安全规范和要求；

③ 缺乏安全知识。

客观原因包括：

① 项目部对施工班组培训不够；

② 施工人员身体不适或其他原因；

③ 施工人员工作态度不端正，缺乏积极性，有负面情绪。

常见的人的不安全行为包括：

① 操作错误、忽视安全、忽视警告；

② 造成安全装置失效；

③ 使用不安全设备；

④ 徒手代替工具操作；

⑤ 冒险进入危险场所；

⑥ 攀、坐在不安全位置；

⑦ 在必须使用劳动防护用品的作业或场合中未使用或未正确使用劳动防护用品；

⑧ 穿戴不安全装束；

⑨ 物体存放不当；

⑩ 对易燃易爆等危险物品处理不当或错误处理；

⑪ 有分散注意力的行为。

（2）物的不安全状态

物的不安全状态是指事故发生的物质条件。

物的不安全状态包括：

① 因作业方法导致的物的不安全状态；

② 防护、保险、信号等装置缺乏或有缺陷；

③ 设备、设施、工具、附件有缺陷；

④ 强度不够，例如机械强度不够、电气设备绝缘强度不够等；

⑤ 设备在非正常状态下运行，例如设备带“病”运转等；

⑥ 劳动防护用品、用具缺乏或不符合安全要求；

⑦ 生产（施工）场地环境不佳。

此外，物的不安全状态还包括外部自然界不安全物的放置及标识、劳动防护用品不合格等，都是引起事故发生的因素。

（3）环境因素

环境因素是指环境的不良状态。不良的生产环境会影响人的行为，同时会对通信施工作业产生不良的作用，环境因素还包括天气、地理条件等。

天气原因包括：

① 雷电、大雨、台风；

② 大雪、杆塔上冰冻、霜雪未融化；

③ 作业场所光线不足、能见度差。

地理条件包括：

① 在有毒的动、植物区域施工；

② 在有可能发生塌方、山洪、泥石流危害的地方施工；

③ 在楼顶、水域等临边区域作业及作业活动范围有危险电压带电体，安全距离不能满

足规定要求。

（4）管理缺陷

人的不安全行为和物的不安全状态往往只是事故发生的直接或表面原因，而发生事故的真正原因在于管理缺陷。

管理缺陷包括：

① 管理制度缺失或管理制度未得到有效执行；

② 管理程序混乱或管理不善、监督缺乏有效性；

③ 施工人员未掌握、落实操作规程培训等。

1.2 特种作业证书的识别与管理

在通信设备安装工程中，施工人员需要在国家安全生产监督部门报名参加安全技术和操作技能培训，并取得特种作业证后方可上岗。其中涉及通信工程的特种作业证有登高证、电工证、电焊证三类。

登高证准操作项包括高处安装、拆除、维护作业。

电工证准操作项包括低压电工作业。

电焊证准操作项包括熔化焊接、热切割作业。

1. 特种作业证的识别

特种作业证的正面有持证人的照片、证号、作业类别、操作项目、发证机关、证件的有效期限、初领日期及复审日期等信息，新一代证件还增加了二维码查询功能，便于管理人员快速识别证件的真伪。特种作业证如图 1-1 所示。

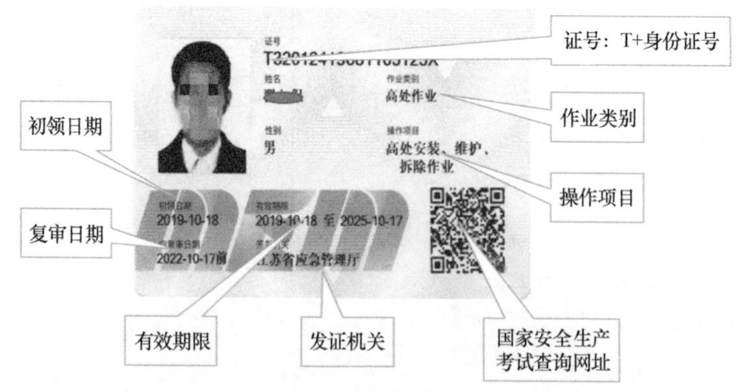

图 1-1　特种作业证

2. 特种作业证的管理

特种作业证的有效期为 6 年，每 3 年复审一次。复审证件应在证件期满前 60 个工作日内向所在地的国家安全生产监督部门认可的培训机构提出复审申请，并提交相关资料，经考试合格后证件的有效期可再延长 3 年。如果持证人连续从事该工种 10 年以上，经发证机构认可证件的复审时间可以延长至每6年一次。如果持证人没有参加复审，证件失效。

为避免施工班组人员临时不在或身体不适影响施工情况的出现，每个施工班组应持登高证不少于3张，电工证不少于2张。如果施工现场需要焊接作业，施工班组还应至少有1张电焊证。

1.3 危险源的识别

施工班组进入施工现场后，班组长应带领全体施工人员识别危险源，排查以施工现场塔高20%为半径的施工禁区内的危险源，制订现场防范措施，明确施工人员分工及看护责任。

识别危险源后，班组长应针对作业现场环境的特点，对全体施工人员做符合现场情况的针对性交底，并形成文字交底记录，班组长和全体施工人员均应在交底记录的“交底人”和“被交底人”栏签字，施工完成后交底记录应交至项目部保存。

现场危险源交底内容如下。

1. 禁区内电（线）缆

施工时，施工人员应注意或尽量避开电力高压线、居民住宅私拉电源线、光电缆及其他不明的电（线）缆等，特别是在高压线附近作业时应保持足够的安全间距。高压线与施工安全间距见表1-1。

表1-1 高压线与施工安全间距

序号	电压/kV	安全距离/m
1	1～10	≥5
2	35～110	≥10
3	154～330	≥15
4	500	≥20

2. 禁区内无法规避流动人员及车辆

施工班组应按塔高的1.05倍为半径的范围设置封闭警示围挡，塔高的20%为半径的范围设置施工禁区，严禁施工人员及社会人员、车辆通行，特殊情况还需要安排专人看护指挥。

3. 施工临时用电

在交流电没有到位的情况下，施工班组通常需要使用临时电源进行施工。

在使用油机时，施工班组应注意把油机摆放在作业场所的下风口，严禁把油机放在机房内使用，并放置安全警示标识，配备灭火器，现场严禁明火且安排专人看护。

向居民临时借电时，施工班组一定要问清楚居民家的电表容量，观察电源线是否老化，注意不得使用大功率电器，避免发生意外。

4. 登高作业

根据塔型不同，登高作业场景可分为有护笼铁塔和无护笼铁塔两种。

在有护笼铁塔的作业场景中，施工人员要在护笼里攀爬；在无护笼铁塔的作业场景中，施工人员在攀爬过程中要使用防坠自锁器，并在攀爬时注意观察扶手及平台螺丝是否松动或腐蚀。

当两名施工人员同时上塔时，两人间距应保持在 5m 以上。施工人员在攀爬时如需携带工具，应使用工具包，工具包的整体重量不能超过 5kg。

5. 临边（口）作业

发现施工现场有临边（口）时，施工班组应设置临时护栏或爬梯，防护材料要有足够的强度，悬挂“防止坠落”安全警示标志，夜间需要安装警示灯。在临边（口）施工作业时，施工人员还要正确使用劳动防护用品。

6. 动火作业

如果施工班组需进行动火作业，应提前向相关部门申请报备，得到同意后方可操作。施工人员必须持证上岗，在规定时间内完成作业，作业范围内不能有易燃易爆物品，作业场所应保持通风，设置灭火器并安排监护人看护整个动火过程。

识别现场危险源关键点后应采取以下措施。

① 施工班组按塔高的 1.05 倍为半径，以塔为中心设置 360° 封闭警示围挡，并悬挂警示牌，告知“无关人员不得进入施工区域”。360° 封闭警示围挡如图 1-2 所示。

② 施工班组按塔高的 20% 为半径，设置施工禁区，在塔上有施工人员作业时严禁任何人员、车辆进入施工禁区，必要时安排专人看护指挥。专人看护指挥施工禁区如图 1-3 所示。

图 1-2　360° 封闭警示围挡

图 1-3　专人看护指挥施工禁区

③ 登高作业前，施工人员对安全措施和劳动防护用品的穿戴要做到相互提醒、相互检查。相互检查劳动防护用品如图 1-4 所示。

④ 在电源柜悬挂“当心触电”“严禁合闸”等安全警示标识。正确悬挂安全警示标识如

图 1-5 所示。

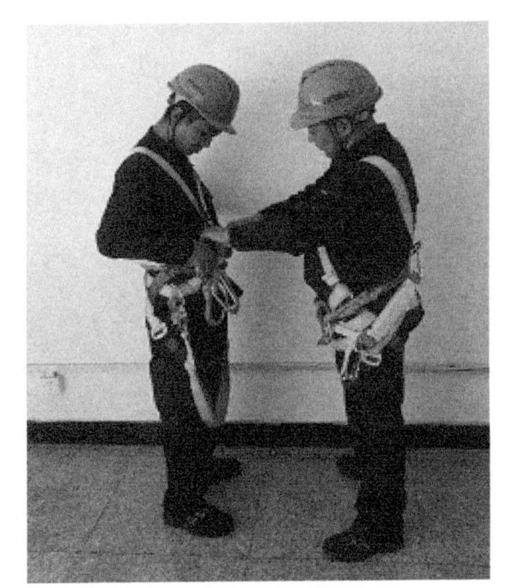

图 1-4 相互检查劳动防护用品

图 1-5 正确悬挂安全警示标识

⑤ 在楼顶边缘施工或临边（口）作业时，施工班组应在距离楼边缘 1.5m 处或施工区域地面设置封闭警示围栏，安排专人看护指挥。设置封闭警示围挡如图 1-6 所示。

图 1-6 设置封闭警示围挡

⑥ 当电力电缆与铁塔间距小于安全距离时，为防止发生触电事故，禁止登塔施工。电力电缆与铁塔距离小于安全距离示例如图 1-7 所示。

图 1-7　电力电缆与铁塔距离小于安全距离示例

1.4 劳动防护用品的识别及使用注意事项

通信施工人员的劳动防护用品主要包括安全帽、安全带和绝缘鞋等。

1. 安全帽的识别及使用注意事项

安全帽是指对人头部受坠落物及其他特定因素引起伤害时起防护作用的帽子。安全帽由帽壳、帽衬、下颏带及附件等组成。如果施工人员不了解安全帽的使用性能或在使用过程中佩戴不正确，就不能起到防护作用。

（1）安全帽的识别

① 安全帽各部件如图 1-8 所示。

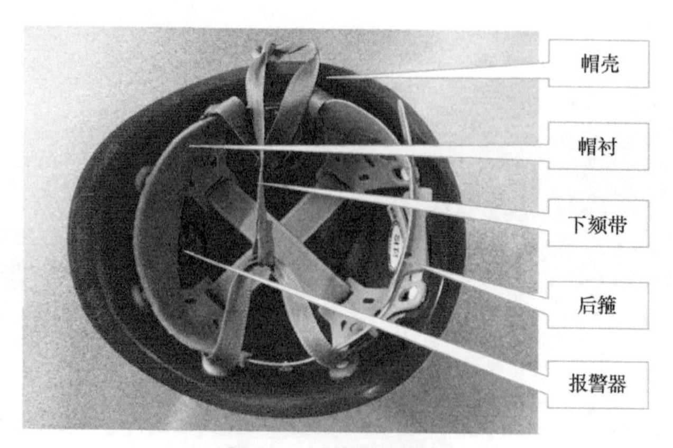

图 1-8　安全帽各部件

② 安全帽应有生产许可证、产品合格证、安监证和安全标识，即“三证一标”。安全帽“三证一标”如图 1-9 所示。

图 1-9　安全帽“三证一标”

③ 安全帽有效期点状识别法：在安全帽内侧，有一个长方形框，左竖内点为生产年份，上横为生产月，最后的点对应生产日期。点状识别法如图 1-10 所示。

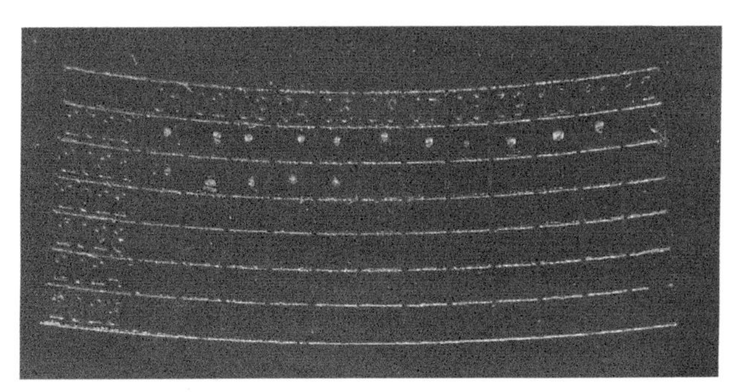

图 1-10　点状识别法

④ 安全帽有效期箭头识别法：在安全帽帽沿下方，一或两个圆圈里面分别有箭头和数字，一个圆圈箭头附近数字为年，箭头所指方为月。箭头识别法如图 1-11 所示。

图 1-11　箭头识别法

⑤ 安全帽的有效使用期为自生产日期起 30 个月。

（2）安全帽的使用注意事项

① 严禁在安全帽上打孔、拆卸安全帽上的部件、调整帽衬尺寸。

② 严禁安全帽和酸、碱及其他化学物品摆放在一起，避免高温、潮湿，防止提前老化。

③ 帽衬与帽壳内顶应保持间距 25～50mm。

④ 严禁使用受过较大冲击后的安全帽。

⑤ 严禁将安全帽当凳子使用。

2. 安全带的识别及使用注意事项

安全带也称救命带，在工作环境中，高处作业环境最为危险，不正确佩戴安全带造成的安全事故伤害也最为严重。根据国家标准《高处作业分级》（GB/T 3608—2008）规定“凡在坠落高度基准面 2m 以上（含 2m）有可能坠落的高处进行作业，都称为高处作业”。高处施工人员应正确使用安全带，确保登高作业的安全。

（1）安全带的识别

① 安全带示意如图 1-12 所示。

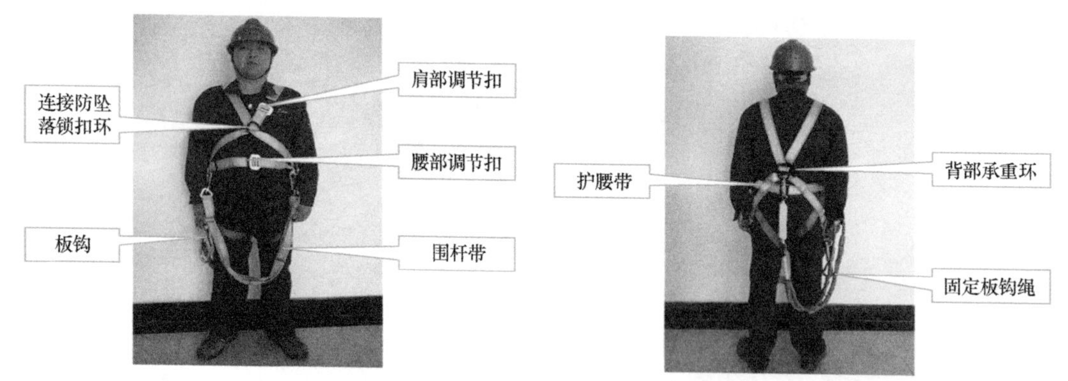

图 1-12　安全带示意

② 安全带应有生产许可证、产品合格证、安监证和安全标识，即“三证一标”。安全带“三证一标”如图 1-13 所示。

图 1-13　安全带“三证一标”

③ 安全带的有效使用期为自生产日期起 36 ～60 个月。

（2）安全带的使用注意事项

① 使用前需检查安全带缝制部分和挂钩部分的捻线是否裂断或残损。

② 不可接触高温、明火、强酸、强碱或尖锐物体。

③ 不要存放在阴暗潮湿的仓库中。

④ 必须更换腐蚀、变形不灵活的金属配件。

3. 绝缘鞋的识别及使用注意事项

绝缘鞋的作用是使人体与地面绝缘，防止带电作业时电流通过人体与大地之间构成通路，对人体造成电击伤害，把触电的危险降到最小。

（1）绝缘鞋的识别

① 绝缘鞋如图 1–14 所示。

② 绝缘鞋应有安全许可证、产品合格证、安监证和安全标识，即“三证一标”。绝缘鞋“三证一标”如图 1–15 所示。

图 1–14　绝缘鞋

图 1–15　绝缘鞋“三证一标”

③ 绝缘鞋出厂日期如图 1–16 所示。

④ 绝缘鞋耐压标识如图 1–17 所示。

⑤ 绝缘鞋的有效使用期为自生产日期起 18 个月。

图 1–16　绝缘鞋出厂日期

图 1–17　绝缘鞋耐压标识

（2）绝缘鞋的使用注意事项

① 发生鞋底断裂、腐蚀、磨损超过三分之一时需立即更换。

② 绝缘鞋鞋底被尖锐物刺穿或鞋底防滑花纹磨平，即不再具有绝缘性能。

③ 绝缘鞋应注意防潮。

1.5 预防安全事故的措施

在通信施工过程中，预防安全事故的主要措施包括规章制度建设、安全教育培训及各级施工管理人员不定期现场巡查发现问题后的及时整改等。

1. 规章制度建设

① 各级人员安全生产岗位责任制如图 1–18 所示。

② 对施工人员进行施工现场危险源告知。危险岗位告知书如图 1–19 所示。

项目部管理及施工人员安全生产职责

生产单位和项目部各级安全生产岗位责任制

项目部专职安全员安全生产岗位责任制

（一）认真贯彻执行《中华人民共和国安全生产法》《建设工程安全生产管理条例》和本公司安全生产规章制度，坚持"安全第一，预防为主"的方针，协助部门领导和项目经理落实好公司的各项安全生产规章制度和公司安全生产主管部门关于安全生产的各项要求，参与本部门安全生产具体制度和实施细则的起草、制订，当好部门领导和项目经理的助手。

（二）按照公司《通信施工现场检查评分标准》，负责本部门的安全生产监督检查，每月巡查要覆盖到本部门半数以上的施工现场和施工班组，督促施工人员遵守安全施工的强制性标准、规章制度和操作规程，并做好检查记录；监督施工组织设计和安全技术交底的实施；对检查中发现的安全隐患，有权提出整改意见或签发整改通知书，有权对违章行为按规定进行处罚；及时向项目经理反馈检查信息和提出安全质量考核奖惩建议，协助项目经理开好本部门的安全质量分析会议，不断提升项目部安全质量管理水平。

（三）参与制订项目部年度职业健康安全管理目标，协助项目部经理抓好本部门管理体系的有效运行，及时识别、更新本部门的危险源清单和环境因素清单；负责或审核重点工程项目和创新精品项目的安全质量策划，组织编制关键过程和特殊工序的安全技术保证措施；负责做好新项目部层面的安全技术交底，落实好书面告知危险岗位的操作规程和违章操作危害的制度；负责本部门施工现场安全质量记录的管理。

（四）负责制订本部门年度安全教育培训工作计划，结合部门实际和典型事故案例，认真做好二、三级安全教育培训、特殊工种培训和取证工作，以及节假日的安全教育和各工种换岗教育，做好记录，提高本部门人员的安全意识。

图 1–18　各级人员安全生产岗位责任制

危险岗位告知书

施工班组各位成员，你们好：

"通信连着千万家、安全关乎你我他"，您从事的通信施工工程中可能存在以下危险源和危险因素，现将可能造成的危害告诉您，请在施工过程中务必按照公司安全生产操作规程和各项禁令的要求进行操作，严格履行各生产岗位的安全生产责任制，杜绝安全生产和质量事故的发生。

常见危险源	可能造成的伤害	应采取的控制措施
架空线路：物体打击、机械伤害、触电、人员坠落等	人员伤亡、通信中断	作业前仔细查看现场环境，正确使用劳动防护用品，施工现场正确悬挂、摆放安全警示牌，持证上岗，严格执行各项禁令
管道线路：管道内存在有毒气体、地下埋有民用管线	塌方、火灾、中毒、伤亡	开挖前了解地下管线信息，下孔前先通风，仔细查看现场环境，正确使用劳动防护用品，施工现场正确悬挂、摆放安全警示牌，持证上岗，严格执行各项禁令
车辆带病行驶或违章行驶	引发重大交通人员伤亡	行车遵守《中华人民共和国道路交通安全法》。严格执行"驾驶员十项禁令"
立钢杆吊车违章操作	造成人员伤亡、财产损坏	工作前车辆停放在安全合理的位置，仔细查看工作区域包括空间环境是否存在危险源。严格执行有关吊车操作规定

图 1–19　危险岗位告知书

③ 应急预案如图 1–20 所示。

④ 施工现场违章违规处罚管理规定如图 1–21 所示。

⑤ 部分规章制度管理文件如图 1–22 所示。

1. 施工生产安全事故应急预案 -F0.pdf
2. 施工现场人身伤害事故应急预案 -F0.pdf
3. 车辆交通事故应急预案 -F0.pdf
4. 火灾事故应急预案 -F0.pdf
5. 网络中断事故应急预案 -F0.pdf
6. 防汛、防台风通信保障应急预案 -F0.pdf

图 1–20　应急预案

施工现场违章违规处罚管理规定

1. 施工人员未按要求戴安全帽，每次核减200元/人；
2. 施工人员未按要求穿绝缘鞋，每次核减200元/人；
3. 施工人员未按要求使用安全带，每次核减200元/人；
4. 从事特种作业的施工人员未持证上岗，每次核减100元/人；
5. 施工人员违章操作施工机具，每次核减50元/人；
6. 施工人员在禁烟、禁火场所违反相关规定，每次核减200元/人；
7. 施工人员酒后作业，每次核减200元/人；
8. 施工班组开工前未按要求开展安全自查的，每次核减100元；
9. 梯子底脚皮、垫等破损的，使用木质梯子的，接电设施存在隐患或损坏的，起子、扳手等涉电工具未绝缘的，每次核减100元；
10. 使用人字梯下方无人看扶的，每次核减200元/人；
11. 施工人员违章损坏客户及我公司信誉的行为，每次核减500元。

图 1–21　施工现场违章违规处罚管理规定

1. 班组人员基本信息管理台账
2. 年度重要危险源及控制措施清单
3. 工程项目监视测量记录
4. 施工现场环境与安全生产检查评分记录
5. 特种防护用品发放记录
6. 安全警示标志发放与更换记录表
7. 受控文件发放回收清单

图 1-22 部分规章制度管理文件

2. 安全教育培训

① 上岗前的安全教育培训及考试如图 1-23 所示。

图 1-23 上岗前的安全教育培训及考试

② 每日晨会时的安全技术交底及签字如图 1-24 所示。
③ 火灾、防汛、意外伤害的应急演练如图 1-25 所示。
④ 施工现场的安全会议如图 1-26 所示。

图 1-24 每日晨会时的安全技术交底及签字

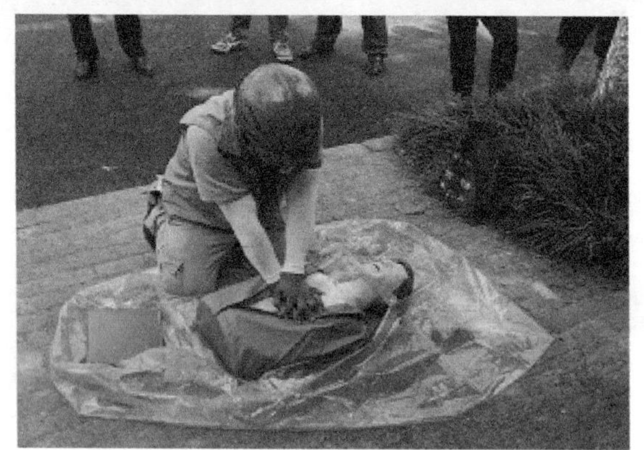

图 1-25　火灾、防汛、意外伤害的应急演练

图 1-26　施工现场的安全会议

1.6 相关安全表格附件

技术、安全交底记录

编号：ChinaCCTC/D-B10-04-G/0　　　　序号：

项目编号		项目名称	
现场开工日期		项目经理	
施工单位		班组长或安全员	
交底地点		交底日期	
交底内容提要： ① 依据施工组织设计、施工方案、操作规范和相关标准，提出技术要求； ② 项目作业特点、存在的危险因素和作业中应注意的安全事项； ③ 依据相应的安全生产操作规范和标准，针对危险因素制订具体的预防措施； ④ 发生事故后应采取的应急措施。 根据项目和作业现场特点，已对该作业现场安全各项要求进行交底。 交底人签字：			
被交底人员确认：通过以上安全交底，我已经清楚地知晓该作业现场安全各项要求。 接受交底人签字：			

注：作业现场施工项目安全交底须知详见背面。

员工素质教育记录

编号：ChinaCCTC/D-B14-11-G/0 **序号：**

部门		班组		级别	岗前□ 巡回□
时间		地点		类别	班前□ 日常□
组织者			教育方式		
主要内容：					
参加人员（签名）：					
备注：					

在用车辆安全检查记录表

编号：ChinaCCTC/D-B14-10-G/0 **序号：**

检查人签字： **检查日期：**

序号	车牌号	检查地点	检查项目									驾驶员签字
			制动系统	电器系统	转向系统	发动机	冷却系统	电池	底盘系统	防盗消防	工具和安全警示牌	
备注	存在的主要问题和安全隐患描述及采取的整改措施：											

注：检查记录表中合格项目打“√”，不合格、存在问题或安全隐患打“×”，并在备注栏中说明。

安全生产事故隐患排查登记表

编号：ChinaCCTC/D-B14-05-G/0　　　　**序号：**

部门名称		**部门负责人**	
区域项目负责人		**施工班组长**	
自查出的事故隐患情况及特性描述			
隐患类别	□进场设备 □施工机具 □物资材料 □作业环境 □危险部位 □特殊工种 □人员资格 □防护用品 □安全警示 □交通工具 □车辆行驶 □制度贯彻 □责任落实 □劳动用工 □教育培训 □工期安排 □劳动纪律 □现场管理 □分包控制 □驻地安全 □防火防盗 □安全用电 □应急准备 □其他方面		
隐患等级	□一般事故隐患　　　□重大事故隐患		
整改落实情况（包括采取的整改措施、整改人员、整改完成期限以及整改资金等）			
整改关闭情况	□已整改关闭　　　□暂时无法整改需上报处理		
登记人：		排查日期：　　年　　月　　日	

注：1. 一般事故隐患是指危害和整改难度较小，发现后能够立即整改排除的隐患；重大事故隐患是指危害和整改难度较大，应当全部或局部停止作业并经过一定时间整改治理方可排除的隐患，或外部因素致使生产单位自身难以排除的隐患。

2. 一个事故隐患登记一张表格。

3. 经过排查，确认没有事故隐患的，应在表格中注明“暂未发现事故隐患”。

进场设备、施工机具与防护用品安全检查记录

编号：ChinaCCTC/D-B14-03-G/0　　　　序号：

工程名称				检查地点	
检查单位		检查人员		检查日期	
序号	物品名称	规格型号	数量	检查结果	处置措施
1					
2					
3					
4					
5					
6					
7					
8					
9					
10					
11					
12					
13					
14					
15					
验证复查：					
备忘：				受检部门人员确认：	

事故应急预案培训（演习）记录

编号：ChinaCCTC/D-B15-01-G/0　　　　序号：

预案名称			
培训时间		培训形式	
组织单位		培训地点	
参加单位			
参加人员：			
培训（演习）经过：			
编制：		日期：	

Chapter 2

第 2 章

施工前准备工作

施工单位拿到施工设计后，需要对施工现场进行查勘，编制施工方案（或施工组织设计）和开工报告，待施工方案（或施工组织设计）和开工报告经过监理单位（建设单位）审批后方可组织现场施工。

项目开工前应明确施工现场负责人、安全员、质量员、材料员等项目管理人员。此外，为保证项目按计划开工和完工，还应根据工程规模的大小，合理配备相应的施工资源，例如施工人员、施工车辆、工器具、仪器仪表及劳动防护用品等。

2.1 施工条件确认

① 机房墙壁及地面应保持干燥，门窗密封，有防盗功能，机房建筑符合设计要求。

② 市电引入完成，机房照明正常使用。

③ 机房预留孔洞位置、尺寸、数量符合设计要求。

④ 馈线窗安装到位。

⑤ 保护地、工作地及防雷地引入符合设计要求，重点检查保护接地排、防雷接地排是否已安装，接地线和地排连接是否牢固。

2.2 施工人员准备

施工班组人员准备应做到以下几点。

① 施工班组人员配备应满足施工要求。

② 施工班组人员熟悉各自的岗位职责。

③ 施工班组人员特种作业证的持证率应满足施工现场要求。

④ 施工班组人员应足额购买意外伤害保险。

⑤ 施工班组人员应在单位提前报备注册。

2.3 施工车辆准备

施工车辆要满足以下要求。

① 车辆各类灯光正常。

② 车辆转向、制动系统正常。

③ 轮胎无明显异常。

④ 消防器材符合安全要求。

⑤ 严禁人货混装。

⑥ 车辆保险满足要求。

2.4 工器具准备

施工常用的工器具及仪器仪表有测量划线工具、电动工具、紧固工具、钳工工具、专用工具、辅助工具和仪表等。

1. 测量划线工具

测量划线工具有红外水平仪、卷尺、墨斗。测量划线工具示例如图 2-1 所示。

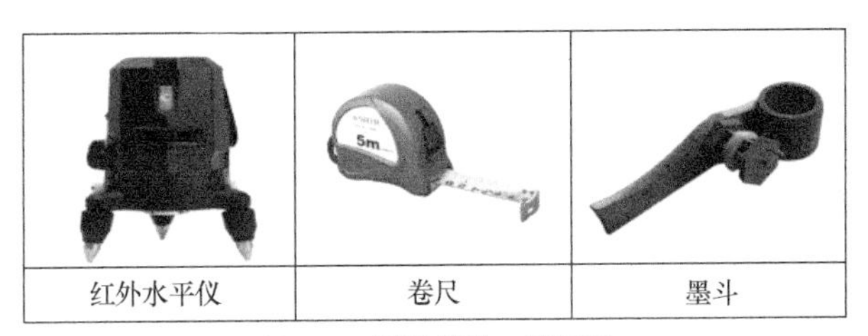

图 2-1　测量划线工具示例

2. 电动工具

电动工具有电锤、电钻、角磨机、切割机、电源插线板。电动工具示例如图 2-2 所示。

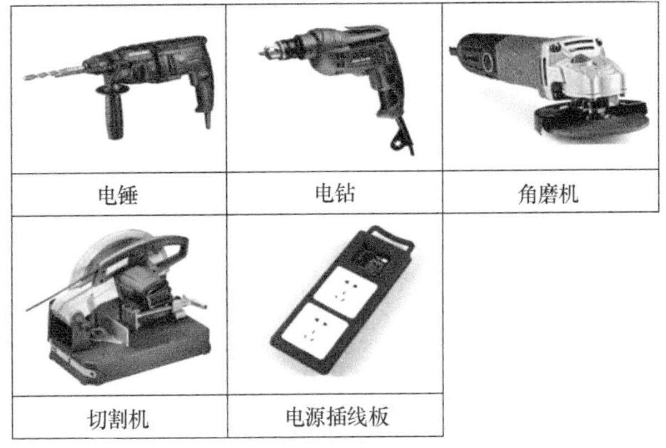

图 2-2　电动工具示例

3. 紧固工具

紧固工具有十字螺丝刀、一字螺丝刀、米字螺丝刀、套筒扳手、棘轮套筒扳手、呆扳手。紧固工具示例如图 2-3 所示。

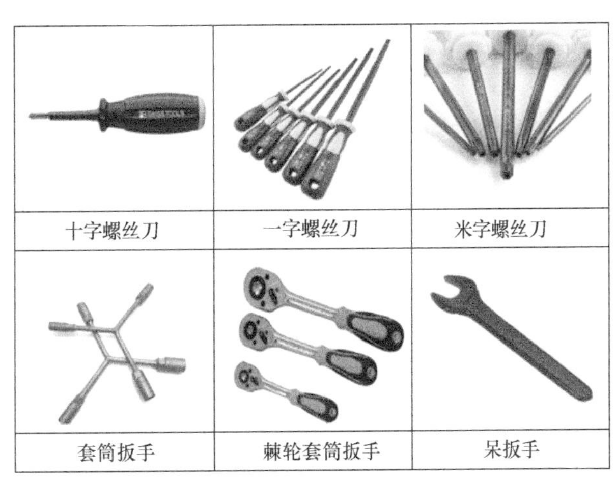

图 2-3　紧固工具示例

4. 钳工工具

钳工工具有尖嘴钳、斜口钳、老虎钳、手锯、撬杠、平锉、铁榔头。钳工工具示例如图 2-4 所示。

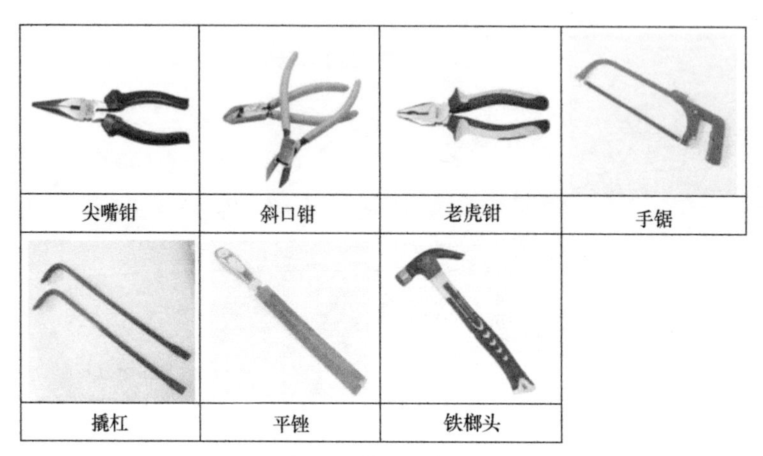

图 2-4　钳工工具示例

5. 专用工具

专用工具有剥线钳、吊锤、卡线刀、机械液压钳、网线钳、棘轮式电缆剪。专用工具示例如图 2-5 所示。

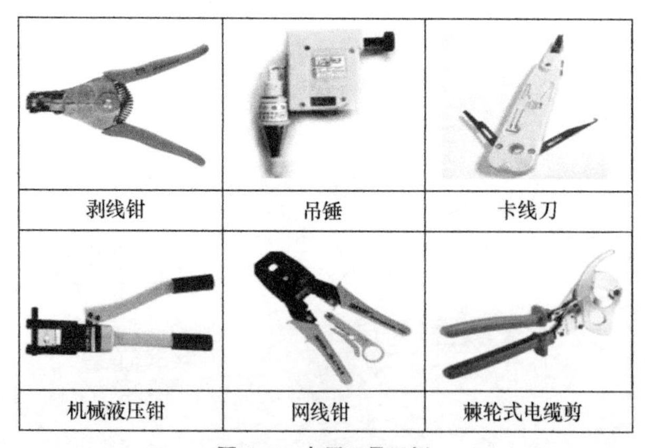

图 2-5　专用工具示例

6. 辅助工具

辅助工具有电烙铁、记号笔、美工刀、吸尘器、塑钢人字梯、橡胶榔头。辅助工具示例如图 2-6 所示。

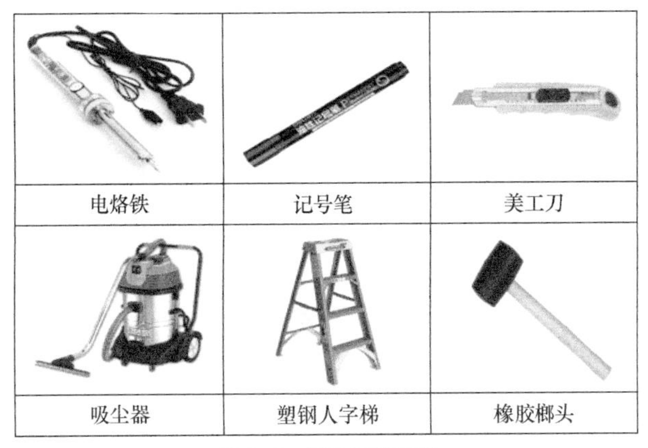

图 2-6　辅助工具示例

7. 仪表

仪表有光功率计、光源、万用表、钳流表。仪表示例如图 2-7 所示。

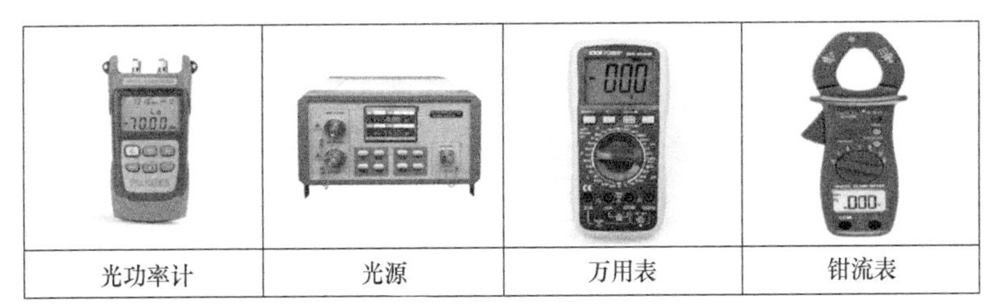

图 2-7　仪表示例

2.5 安全警示标志的准备

5G 设备施工需要用到的安全警示标志主要有“正在施工”“禁止靠近”“当心坠物”“当心触电”“禁止合闸”等。

① 安全围栏如图 2-8 所示。

图 2-8　安全围栏

② 安全警示标志有“正在施工”“当心坠物”等。警示标志一如图 2-9 所示。

图 2-9 警示标志一

③ 安全警示标志有“当心触电”“禁止合闸”等。警示标志二如图 2-10 所示。

图 2-10 警示标志二

2.6 图纸的识别

施工图是施工方案在施工现场空间上的体现，合理布置好现场空间即设备摆放、材料堆放、施工人员通道都是为现场管理及文明施工创造良好的条件，施工图也是编制施工组织设计及工程结束后结算的依据，通常无线项目施工图包括室内设备平面布置图、室内电缆布放路由图、基站天线安装图、GPS/BDS 天线安装图、设备电缆布放表、监控设备安装示意图等。

1. 室内设备平面布置图

室内设备平面布置图是表示室内构筑物、设备等相对位置信息的图纸。通过室内设备平面布置图，我们可以明确新增室内设备及预留位置、设备间距、墙孔、地槽等信息。室内设备平面布置图中细实线框表示原有设备或初次新建设备的名称与位置，粗实线框表示扩容设备名称与位置，细虚线框表示规划预留设备位置，双线表示设备的面板朝向。室内设备平面布置图示例如图 2-11 所示。

图 2-11 表示机房门在西侧，进机房后迎面墙东北侧原有一组电池，东南侧本次工程扩容一组电池，两组中间预留一组电池位置。本次工程是在电池与原有设备之间位置再扩容 5 个机柜，机柜面朝西。

2. 室内电缆布放路由图

室内电缆布放路由图可反映电缆类型、走线路由等相关信息，电缆需整齐布放在走线架上，走线应保持平直顺畅，走线路由不能出现交叉和空中飞越的现象。同时电源线、信号线及接地线都应分开布放、绑扎。电缆在布放时，需注意弯曲半径应符合规定，不能拐直角弯。室内电缆布放路由图示例如图 2-12 所示。

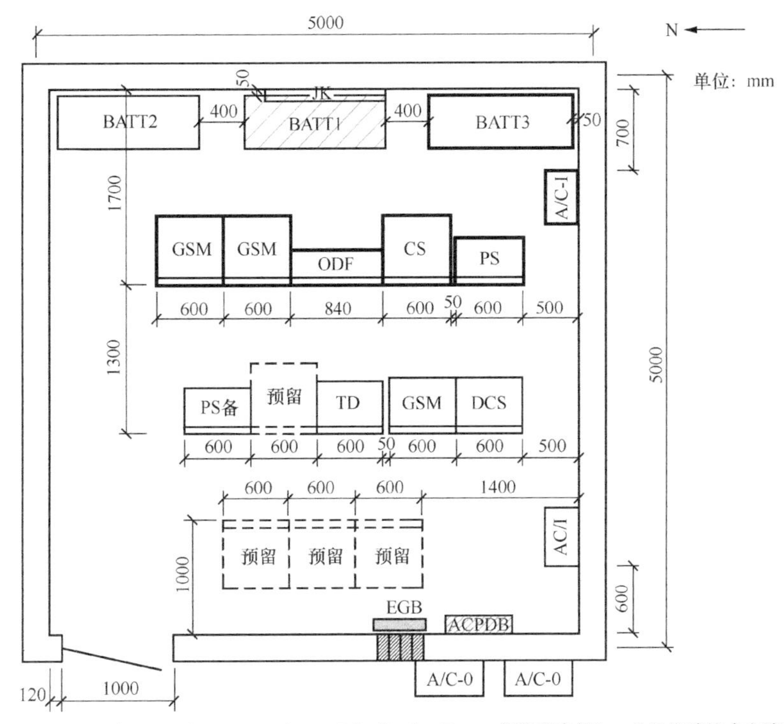

注：1. ACPDB（Alternating Current Power Distribution Box，交流配电箱），此处指壁挂式交流配电箱。

2. BATT（Battery，蓄电池），此处指蓄电池组。

3. PS（Power Station，电源），此处指开关电源架。

4. GSM（Global System of Mobile Communication，全球移动通信系统），此处指 GSM900 设备。

5. A/C-O（Air Conditioner Outdoor Unit，空调室外机）。

6. A/C-I（Air Conditioner Indoor Unit，空调室内机）。

7. DCS（Distributed Control System，分散控制系统），此处指 DCS1800 设备。

8. CS（Communication System，通信系统），此处指传输综合柜。

图 2-11 室内设备平面布置图示例

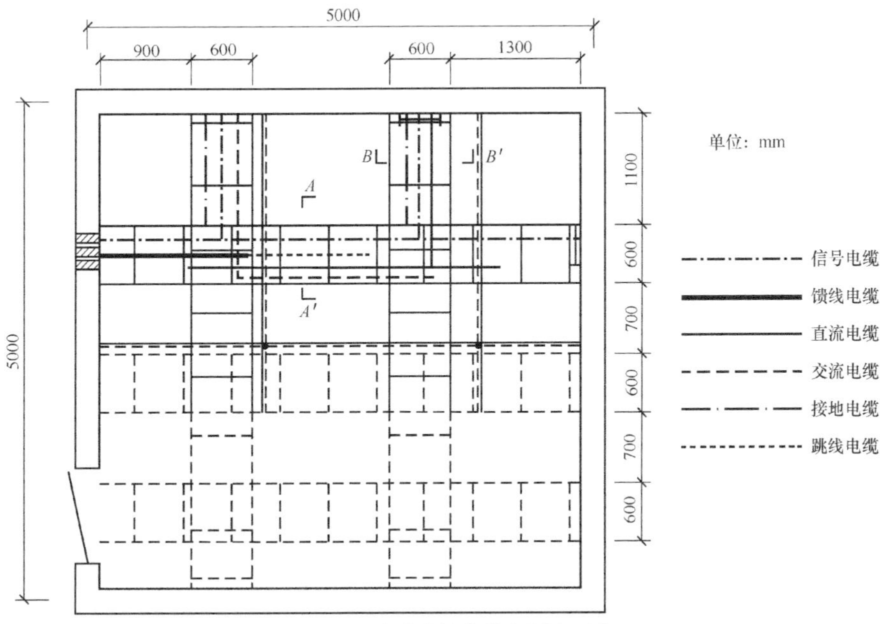

图 2-12 室内电缆布放路由图示例

3. 基站天线安装图

基站天线安装图以一种非常直观的图解形式，将通信铁塔、无线机房、各层平台及接地情况等相关信息表达出来。通过基站天线安装图，我们可以了解到通信铁塔的塔身高度、铁塔上现有平台数量、天线挂高、方位角和俯仰角及接地点等信息。基站天线安装图示例如图 2-13 所示。

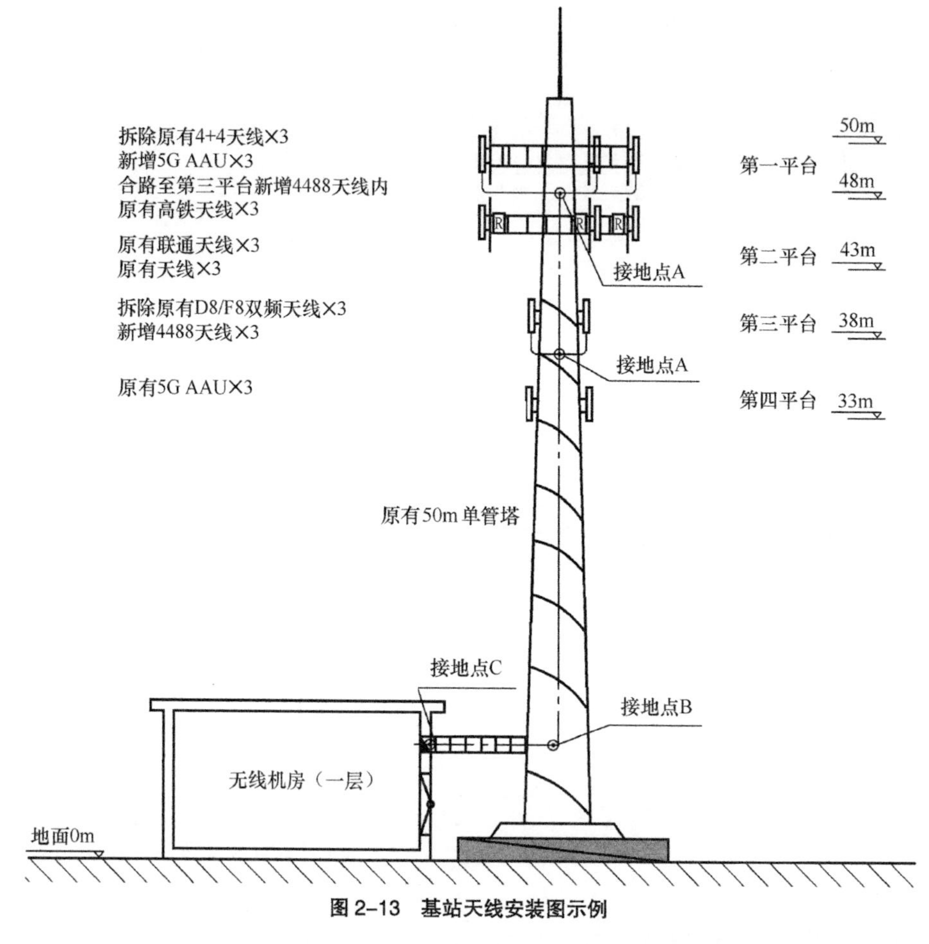

图 2-13 基站天线安装图示例

图 2-13 示例表示拆除第一平台原有 3 根 4+4 天线和第三平台原有的 3 根 D8/F8 双频天线。在第一平台新增 3 个 5G 有源天线处理单元（Active Antenna Unit，AAU），合路至第三平台新增的 3 根 4488 天线内。

4. GPS/BDS 天线安装图

全球定位系统（Global Positioning System，GPS）/北斗卫星导航系统（BeiDou Navigation Satellite System，BDS）天线安装图标示出 GPS/BDS 天线的安装位置以及接地情况等相关信息，需要注意 GPS/BDS 天线应处于避雷针 45°角保护范围内。GPS/BDS 天线安装图示例如图 2-14 所示。

图 2-14 示例表示在机房顶部墙边增加 5G-GPS/BDS 天线，在馈线窗处进行防雷接地。

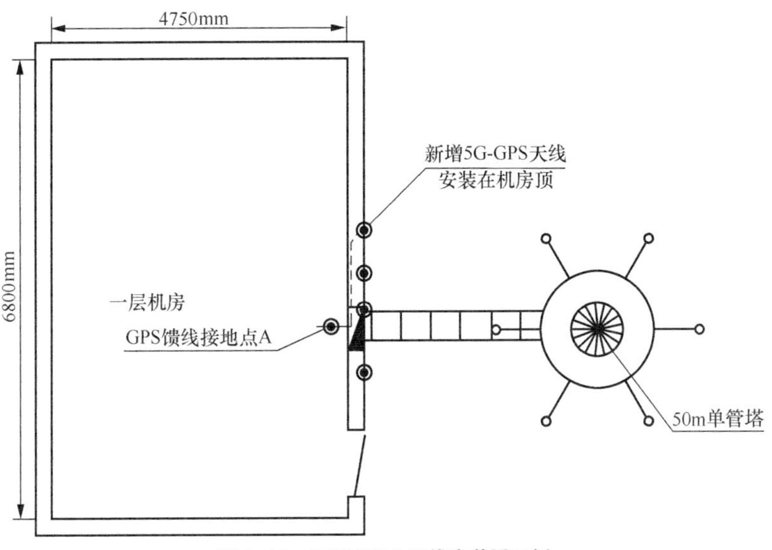

图 2-14　GPS/BDS 天线安装图示例

5. 设备电缆布放表

设备电缆布放表以明细表的形式，将在机房内所用到的电缆规格、敷设方式、所需数量等相关信息进行呈现。设备电缆布放表示例见表 2-1。从表 2-1 示例中可以看出电缆的起止设备、规格、敷设方式等信息。

表 2-1　设备电缆布放表示例

导线编号	导线路由		导线数据				
	起	止	电缆规格 / mm^2	敷设方式	数量 条数 × 长度 /m	总长度 /m	备注
901	交流屏 / 箱	组合开关电源	RVVZ 4×16	走线架	1×0		建设单位提供
401	组合式开关电源	DCPD10B	RVVZ 1×25	走线架	4×0		厂家提供
402	嵌入式开关电源	DCPD10B	RVVZ 1×25	走线架	4×2	8	厂家提供
403	落地式开关电源	DCDU[1]	RVVZ 1×25	走线架	2×0		厂家提供
404	DCPD10B	BBU[2]	RVVZ 2×10	走线架	1×2	2	厂家提供
405	组合开关电源	蓄电池组	RVVZ 1×70	走线架	2×0		建设单位提供
001	汇流条（接地排）	BBU	RVVZ 1×16	走线架	1×3	3	厂家提供
002	汇流条（接地排）	DCPD10B	RVVZ 1×16	走线架	1×3	3	厂家提供
003	汇流条（接地排）	DCDU	RVVZ 1×16	走线架	1×0		建设单位提供
004	汇流条（接地排）	组合开关电源机架外壳	RVVZ 1×35	走线架	1×0		建设单位提供
005	汇流条（接地排）	蓄电池安装架	RVVZ 1×35	走线架	1×0		建设单位提供
其他设备及铁件保护地线（估列）			RVVZ 1×35	走线架	1×0		建设单位提供

注：1. DCDU（Direction Current Distribution Unit，直流分配单元）。
　　2. BBU（Building Base band Unit，室内基带处理单元）。

6. 监控设备安装示意图

监控设备安装示意图表明监控设备的安装位置、线缆走线路由等信息。

施工过程中如果施工人员发现图纸与实际情况不符，必须向监理单位或随工报告，经设计人员修改方案重新出图后方可继续施工。如果因此导致工作量发生变化，还应填写工程设计变更单并请监理单位代表或随工签字确认。

监控设备安装示意如图 2-15 所示。

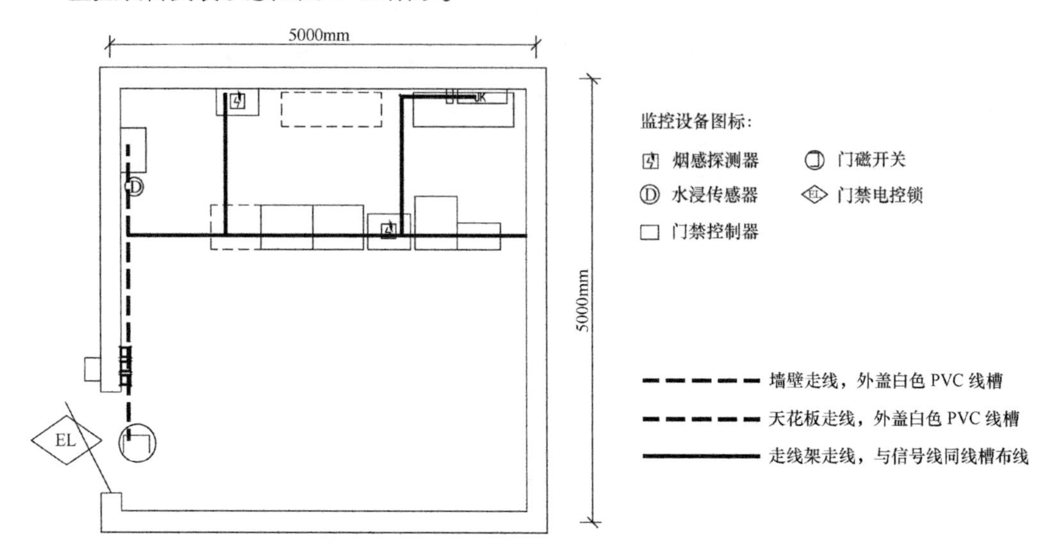

图 2-15　监控设备安装示意

2.7 设计会审

项目开工前通常由甲方或监理单位组织召开设计会审会议，参会的设计、监理、施工单位代表通过对现场勘查和设计方案的讨论，进一步完善、优化设计方案。

现场勘察内容主要包括：

① 检查机房内外与图纸是否相符；

② 交流电源是否到位，是否接地引入；

③ 机房照明、消防、温度、湿度、空调、地面平整、环境卫生等是否满足开工要求；

④ 墙体孔洞是否符合实际要求；

⑤ 如果是扩容工程需要查看开关电源是否满足扩容设备用电需求。

2.8 编制施工方案

具备开工条件后，施工单位应根据设计文件、供货方技术文件、国家和行业相关标准、同类型工程项目施工经验、项目特点和施工现场条件等情况编制施工方案或施工组织设计。施工方案应包括详细的工程概况及特点，施工班组人员、车辆、仪器、仪表、工具准备情况，还要有工程实施计划，有关安全、质量、降低成本和环境保护措施等。

通过合理组织和技术经济分析，施工单位选择安全可靠、切实可行、经济合理的最优施工工艺和方法，做到有组织、有计划地指导工作。施工方案的内容应有针对性和可行性，能够突出重点和难点，制订可行的施工方法和保障措施，并能够满足工程的安全、质量和工期的要求。施工方案需经施工单位、建设单位、监理单位批准备案。

2.9 开工报告

施工方案获批后，施工单位应向建设单位和监理单位提交开工报告，开工报告获得批准后项目可正式开始施工。

2.10 物流、开箱验货

设备从库房运输到施工站点后，要核对包装箱上的装箱单号是否与箱号相符，运送地点是否与安装地点相符，包装箱是否完好无损。

因机柜体积较大且较重，一般用木制箱体包装，木制箱体由木板、钢边、舌片、泡沫包角及包装材料组成。开箱前施工人员把包装箱搬运到机房或机房附近，用一字起插入木制箱体盖板舌片孔内，将舌片扳成 90°后，用榔头把舌片敲成 180°。开箱示意如图 2-16 所示。

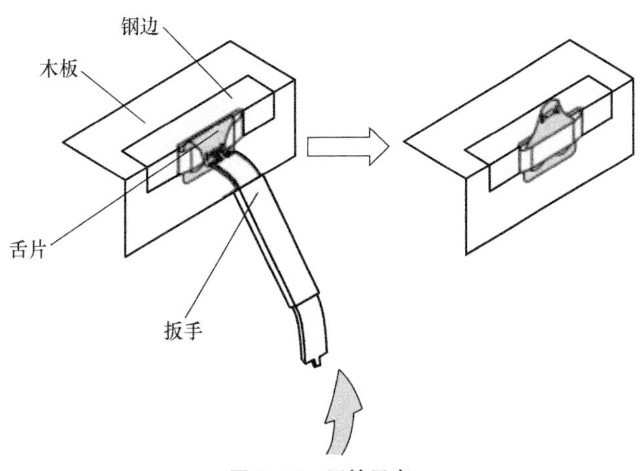

图 2-16 开箱示意

把所有箱体舌片都敲成 180°后，把撬杠插入箱体与箱盖之间，移走箱盖。移开箱盖示意如图 2-17 所示。

最后把箱体侧板卸除。移开侧板示意如图 2-18 所示。

需要注意的是，在运输搬运过程中箱体不得倒置，开箱时严禁使用工具大力敲打箱体，发现箱体损坏应及时拍照取证并报告监理单位、随工。将开箱货物搬运到施工现场后，货物要进行分类摆放，摆放位置不能影响后续施工。

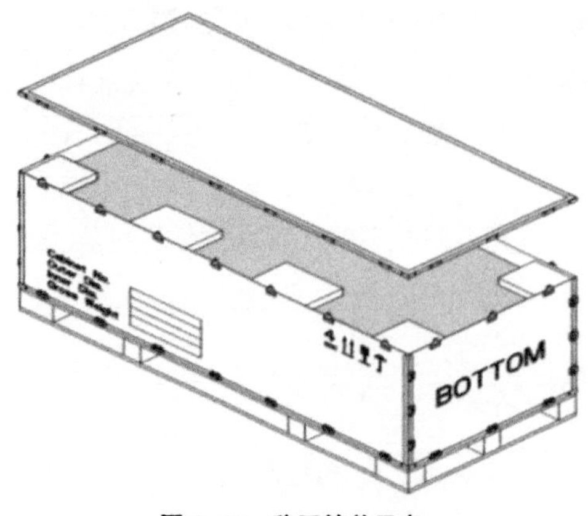

图 2–17　移开箱盖示意

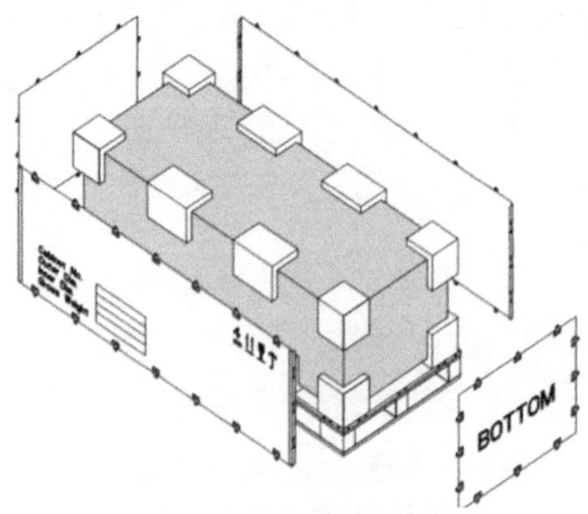

图 2–18　移开侧板示意

Chapter 3

第 3 章

配套设备安装

5G 基站配套设备安装主要包含走线架安装、接地装置安装、设备机柜安装、SPN 传输设备安装、蓄电池安装、空调设备安装、监控设备安装等。

3.1 走线架的安装步骤及技术要求

1. 走线架的安装步骤

走线架的安装共分 5 个步骤，具体流程如图 3-1 至图 3-5 所示。

图 3-1 依据设计图纸确定走线架的安装位置和高度

图 3-2 标注走线架支撑对墙加固点位置

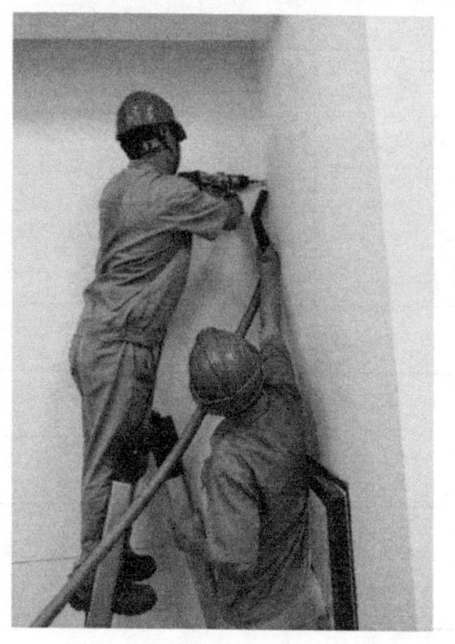

图 3-3 钻孔安装加固件

图 3-4　安装走线架横梁并组成支撑网

图 3-5　安装及固定走线架

2. 走线架的安装技术要求

① 主走线架的起止端与墙加固，靠墙的两端距离墙 1.5m 处安装支撑或吊挂，中间支撑或吊挂平均分布，支撑或吊挂间距≤1.6m。

② 走线架左右水平偏差不得大于5mm。

③ 主走线架与列走线架保持平行或垂直相交，水平误差每米不超过 2mm。

④ 垂直安装走线架或支撑应与地面保持垂直，垂直度偏差不超过 1‰。

⑤ 第一层走线架下沿距地 2.4m，第二层走线架的高度依照设计规定。

⑥ 具体吊挂支撑间距要求如图 3-6 所示。

3. 非常规机房（集装箱机房）加固方法

该加固方法为沿机房四周墙壁用 U 棒、凹钢或铝型材连成框架，使其成为一个整体，上方安装走线架，四周用支撑对地加固，支撑间距≤1.6m，4 个角必须对地支撑。非常规机房的加固方法如图 3-7 所示。

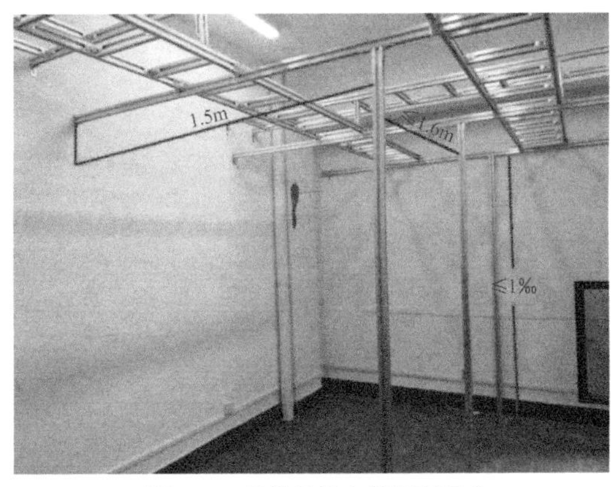

图 3-6　具体吊挂支撑间距要求

图 3-7　非常规机房的加固方法

3.2 接地装置的安装步骤及技术要求

1. 接地装置的安装步骤

① 确定接地铜条在安装位置的环形走向。

② 测量保护接地铜条的长度并进行切割、组装。

③ 接地铜条通过绝缘支撑件与走线架固定相连。

④ 分别把两个方向引入的保护地扁铁通过铜铁转换与接地环网相连接。

⑤ 应在交流箱及馈线窗附近分别引入防雷保护地。

2. 接地装置的安装技术要求

接地装置安装需要注意的事项如图 3-8 至图 3-11 所示。

图 3-8 接地铜条在走线架顶成环状的物理连通

图 3-9 接地铜条支撑与走线架之间需要绝缘

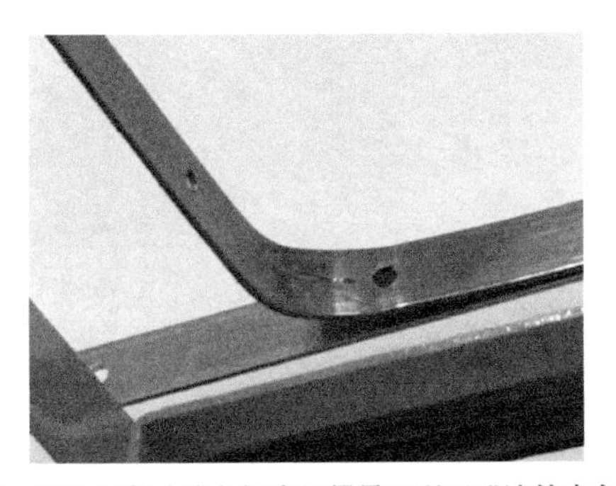

图 3-10 接地铜条（线）打弯不得是不利于泄流的直角

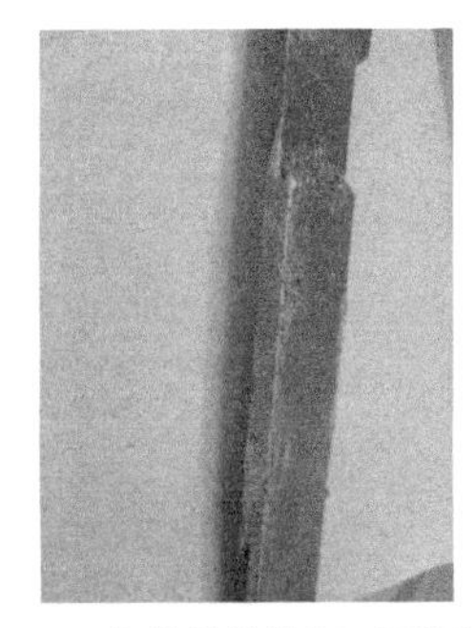

图 3-11 铜铁转换排要三面焊接并涂防锈漆或水柏油做防腐处理

3.3 设备机柜的安装步骤及技术要求

设备机柜主要包括交流柜、开关电源柜、综合柜及主设备机柜等。

1. 设备机柜的安装步骤

设备机柜的安装共分 6 个步骤，具体步骤如图 3-12 至图 3-17 所示。

图 3-12 依据设计图纸确定机柜的安装位置

图 3-13 将机柜平移到指定的安装位置

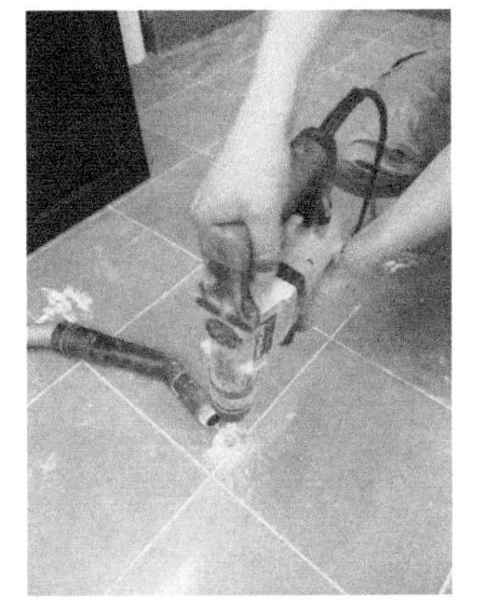

图 3-14 用电锤钻孔并用吸尘器清除钻孔产生的灰尘

图 3-15 用膨胀螺丝把机柜固定在地面上

图 3-16　完成对机柜的垂直水平调整后拧紧膨胀螺丝

图 3-17　根据需要对机柜进行上加固

2. 设备机柜的安装技术要求

① 相邻机架应紧密靠拢，整列机面应在一个平面上，机柜间隙小于 3mm。

② 机柜的垂直偏差≤ 1‰（机柜高度）。

③ 安装完成后机柜的前后门可以开关自如。

④ 固定机柜使用的膨胀螺丝直径不能小于 8mm。

3. 壁挂设备的安装技术要求

① 壁挂设备的底部距地高度不小于 1.2m。

② 箱体内零线排、保护地排、防雷地排要严格区分，严禁接错。

③ 箱体内电缆沿边绑扎，不能影响下次扩容或妨碍开关的操作。箱体内电缆沿边绑扎示例如图 3-18 所示。

④ 箱体应与室内保护地连接，交流引入地线应与室外防雷地连接。

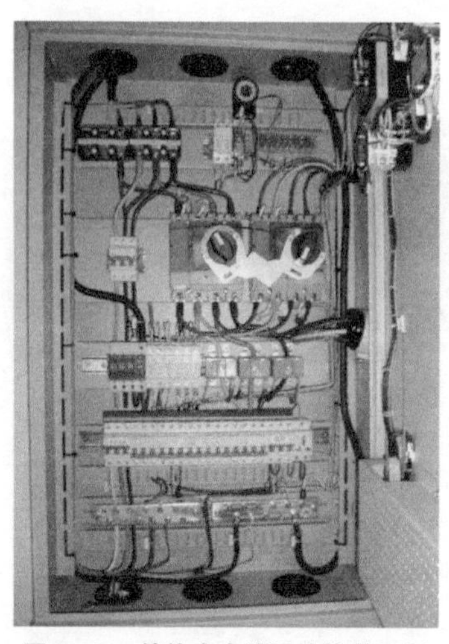

图 3-18　箱体内电缆沿边绑扎示例

3.4 SPN 传输设备的安装步骤及技术要求

传输承载网是通信网络的重要组成部分，连接各通信网元，完成各通信网元之间的信息传递，是各通信网元连接的纽带。

5G 网络的大带宽、低时延和泛在网等特点对承载网提出了更高的要求。中国电信选用智能传送网（Smart Transport Network，STN）作为 5G 承载网。STN 是采用无线电接入网 IP 化（IP Radio Access Network，IP RAN）和分组传送网（Packet Transport Network，PTN）技术相结合发展起来的一种增强型分组组网技术。中国移动选用切片分组网（Slicing Packet Network，SPN）作为 5G 承载网。SPN 是在分组传送网（PTN）技术的基础上，面向 5G 业务承载需求，融合创新提出的新一代切片分组网络技术方案。

本节以中兴 ZXCTN 6180H 机架安装场景为例，介绍此类 SPN 传输设备安装过程。

1. SPN 传输设备安装流程

SPN 传输设备安装流程如图 3-19 所示。

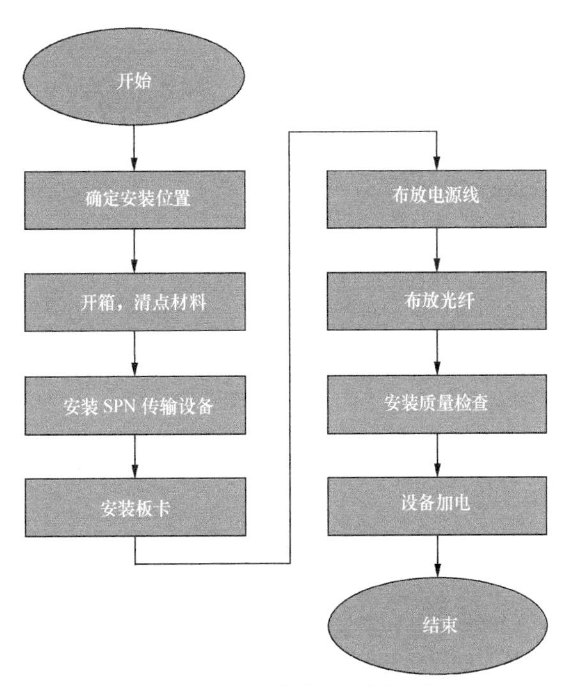

图 3-19　SPN 传输设备安装流程

2. ZXCTN 6180H 面板及接口介绍

ZXCTN 6180H 设备面板如图 3-20 所示。

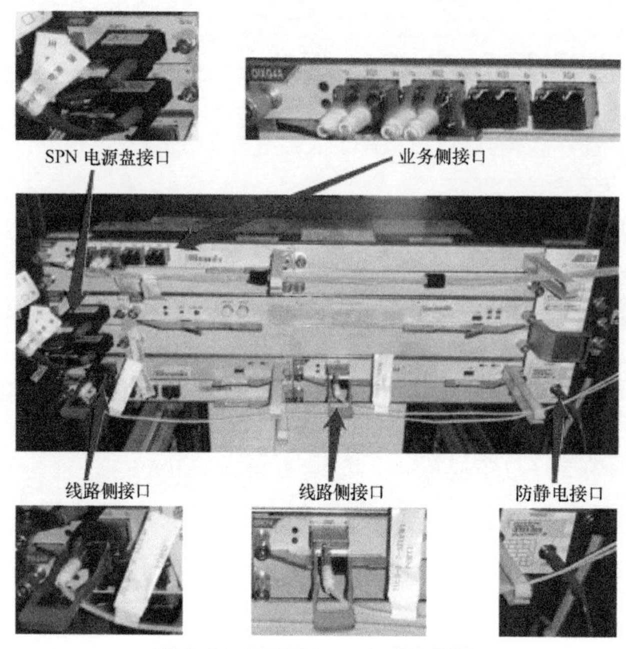

图 3-20　ZXCTN 6180H 设备面板

3. SPN 传输设备的安装步骤

① 根据设计确定 SPN 传输设备的安装位置及电源引接位置。
② 开箱，清点设备及挂耳、螺丝等配件。
③ 安装 SPN 传输设备两侧挂耳。
④ 安装机柜内浮动螺母。
⑤ 托住 SPN 传输设备送入机柜内，对角紧固螺丝。
⑥ 根据设计调整板卡位置。
⑦ 布放接地线、电源线及光纤等电缆。
⑧ 粘贴标签。
⑨ 检查安全质量。
⑩ 设备加电。

4. SPN 传输设备的安装技术要求

① SPN 传输设备上下应留有适当余量，以利于设备散热及维护。
② 在机柜内部操作前，施工人员应正确佩戴防静电手环。
③ 在调整板卡位置的过程中，严禁触碰板卡上的元器件。
④ 未使用的槽位应安装假面板，保证设备前面板全封闭。

5. SPN 传输设备与无线设备基带处理单元（BBU）对接

SPN 传输设备安装完成后应将其业务侧光纤与 5G BBU 传输接口通过软跳纤对接。跳纤对接如图 3-21 所示。

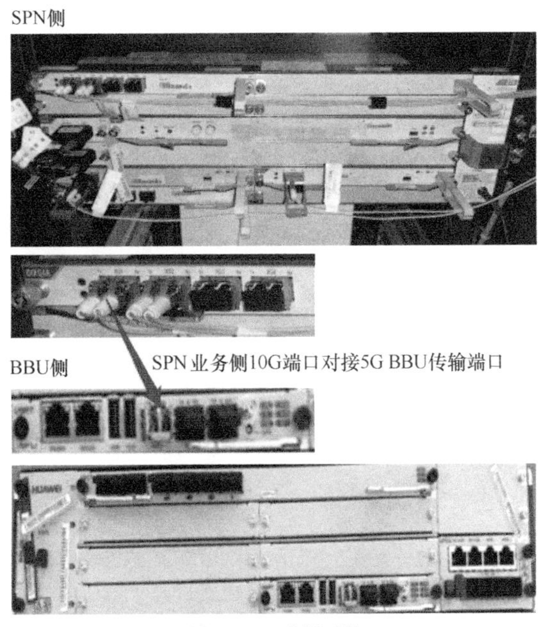

图 3-21　跳纤对接

3.5 蓄电池的安装步骤及技术要求

1. 蓄电池的安装步骤

基站蓄电池的安装共分 4 个步骤，具体步骤如图 3-22 至图 3-25 所示。

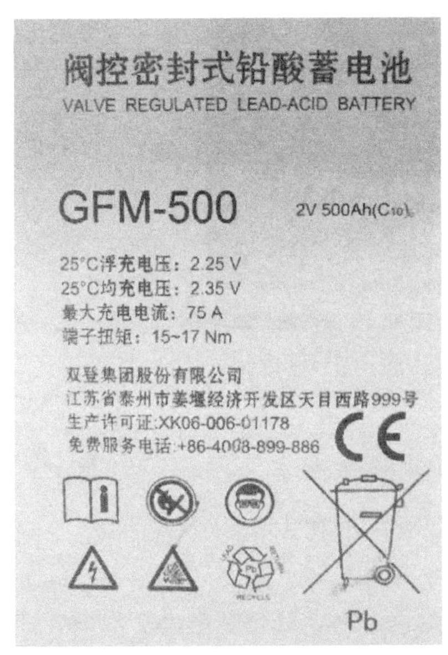

图 3-22　安装前应检查蓄电池规格、型号、浮充电压等指标是否符合设计要求

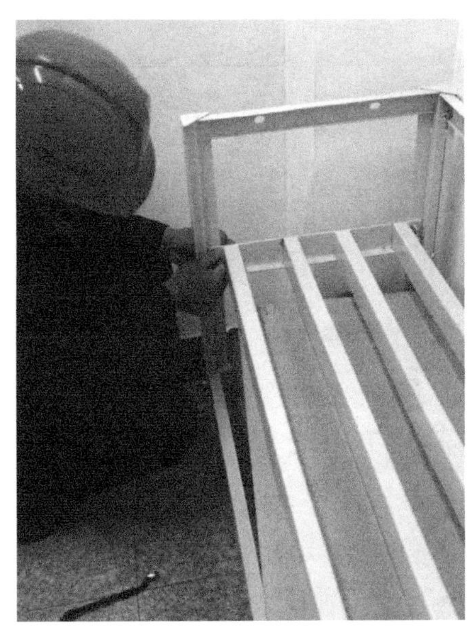

图 3-23　按照说明书组装蓄电池架

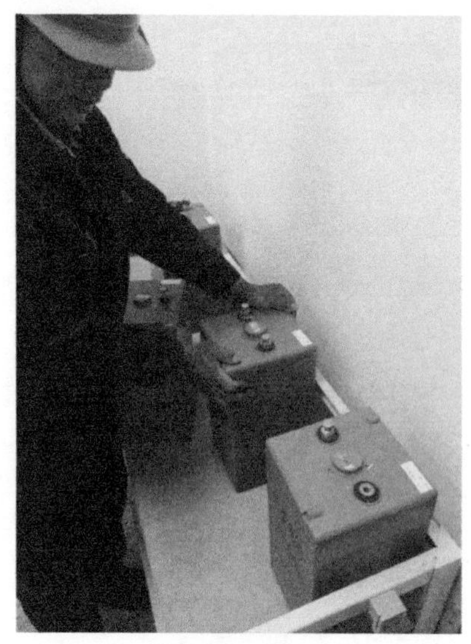

图 3-24　把蓄电池架固定到设计位置，根据开关电源熔丝摆放电池正负极

图 3-25　安装电池连接条

施工人员需要特别注意，为了防止施工过程中电池短路，造成事故，需要每组电池的第 12 块和第 13 块电池的连接线待置到设备加电后，将电压差调整至安全电压再进行连接。设备在未加电前，每组电池的第 12 和 13 块电池严禁连接如图 3-26 所示。

图 3-26　设备在未加电前，每组电池的第 12 和 13 块电池严禁连接

2. 蓄电池的安装技术要求

① 电池从电池组正极开始编号为 1# ～24#。24 块电池编号要求如图 3-27 所示。

② 电池的正极连接至开关电源的正极排，负极连接至开关电源的电池熔丝。

③ 电池架接地部位要去油漆。

④ 电池正负极电缆及接地电缆的弯曲半径符合要求，转弯处严禁触地。转弯处严禁落地示例如图 3-28 所示。

图 3-27 24 块电池编号要求

图 3-28 转弯处严禁落地示例

3.6 空调设备的安装步骤及技术要求

为确保基站内设备的使用寿命延长及运行稳定，通常需要在基站内安装空调，以调节基站室内温湿度。基站内的常见空调为单冷柜式空调，本节以柜式空调为例介绍基站空调的安装过程及安装注意事项。

1. 空调安装流程图

空调安装流程如图 3-29 所示。

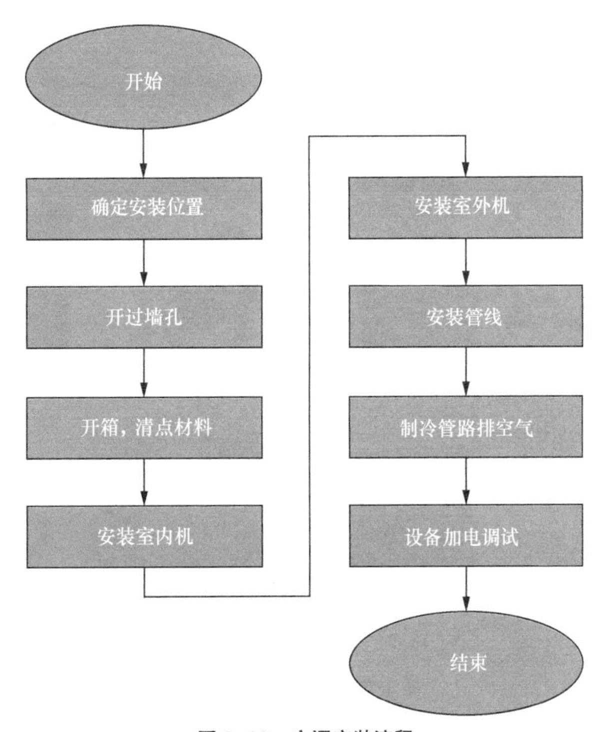

图 3-29 空调安装流程

2. 空调安装需要的主要工具和材料

需要的工具和材料如图 3-30 所示。

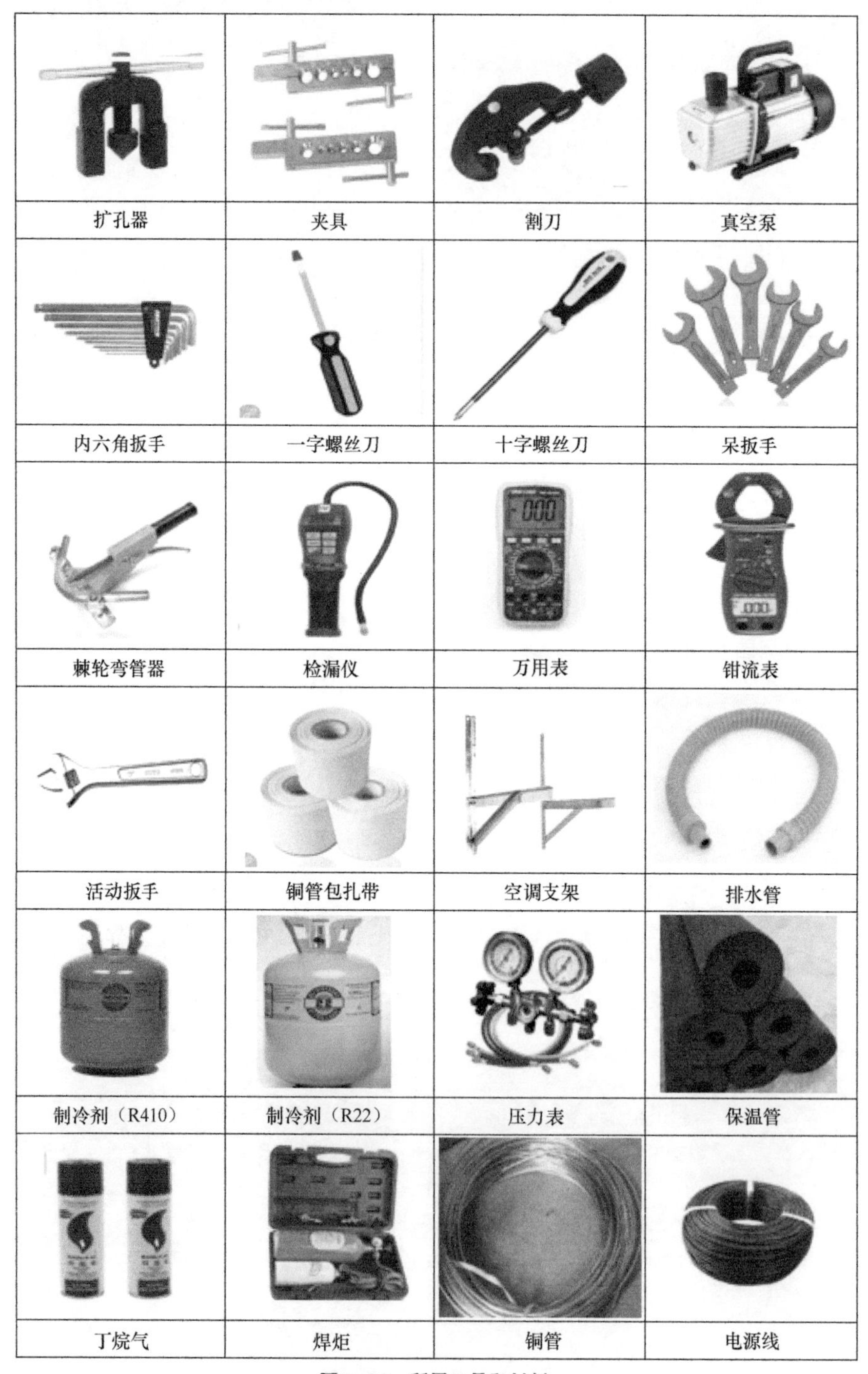

图 3-30　所需工具和材料

3. 室内机、室外机连接铜管

空调机组室内机和室外机之间有两根连接铜管，用以输送制冷剂。细铜管为高压管，粗铜管为低压管。空调出厂时，高、低压管两端的“喇叭口”已经制作完成，室内外机通过高、低压螺帽直接对接，因特殊原因需加长高、低压铜管，则铜管“喇叭口”需要现场制作，而“喇叭口”的制作工艺可直接影响空调机组的使用效果。空调室外机连接口如图 3-31 所示。

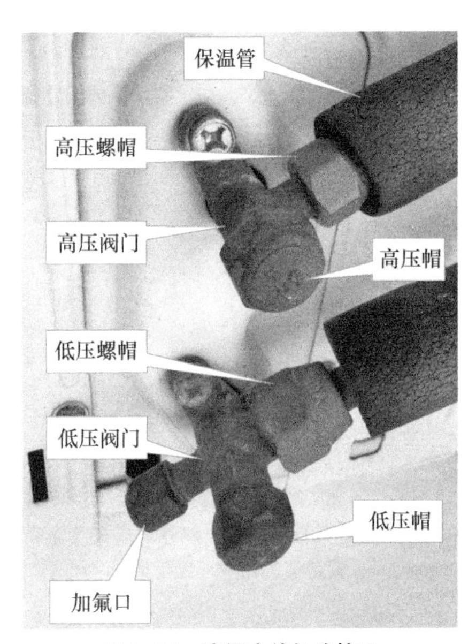

图 3-31　空调室外机连接口

4. 连接铜管“喇叭口”制作步骤

制作连接铜管“喇叭口”共有 5 个步骤，具体步骤如图 3-32 至图 3-36 所示。

图 3-32　把螺帽穿入铜管

图 3-33　测量需求并截取适当长度，除去管口毛刺并用锉刀将管口锉平

图 3-34 将铜管放入管径相匹配的夹具槽口并拧紧夹具

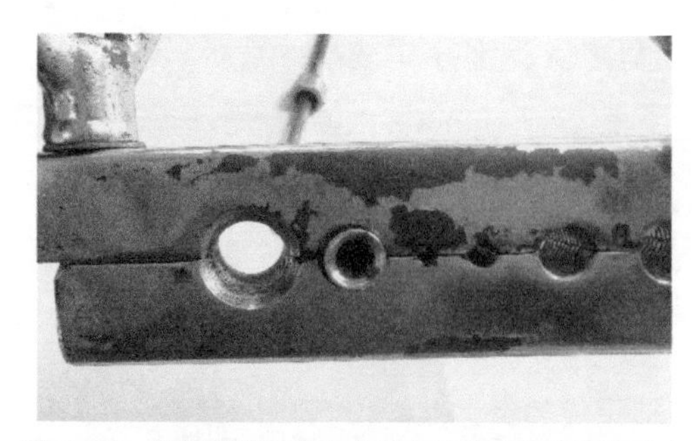

图 3-35 将扩孔器固定在夹具上并转动调节杆使锥头压入管口，顺时针转动调节杆并使锥头扩至碗底

图 3-36 拆除扩孔器和夹具，制作完成的“喇叭口”应完整、光滑、无毛刺

5. 空调室内机的安装步骤

① 根据设计图纸确定安装位置。

② 开过墙孔。

③ 连接室内机高压管接头、低压管接头。

④ 连接室内机电源线。

⑤ 连接（延长）排水管。

⑥ 包扎室内机高压管、低压管、排水管、控制线及电源线。

⑦ 将室内机组安装至指定位置。

6. 空调室外机的安装步骤

① 安装室外机支架。

② 安装室外机组。

③ 连接室外机高压管接头、低压管接头。

④ 室内机及连接管道抽真空。

⑤ 打开室外机高压阀门、低压阀门。

⑥ 室内机、室外机各接头查漏。

⑦ 连接控制线及电源线。

⑧ 封堵过墙孔。

7. 制冷管路排空气

空气中含有的氮气、氧气、二氧化碳等气体不能溶解到制冷剂中，这些气体通常统称为不凝性气体，空气中的水分与制冷剂也无法互溶。水分和不凝性气体的存在不但会影响空调的运行效果，并且润滑油和水分作用会生成酸腐蚀铜管，影响空调的使用寿命，所以必须将空调制冷管路中的空气排出。

空调制冷管路排空气的两种方法：第一种是制冷剂排空法，第二种是抽真空法。

（1）制冷剂排空法

制冷剂排空法是在空调安装完毕后，利用空调室外机本身携带的制冷剂，把连接铜管里和室内机里面的空气顶出来，以达到连接管道和室内机绝净的目的。正常情况下如果空调使用 R22 制冷剂，空调厂家在产品出厂时会在空调体内多加一些制冷剂用以排空气。

制冷剂排空法如图 3-37 所示。

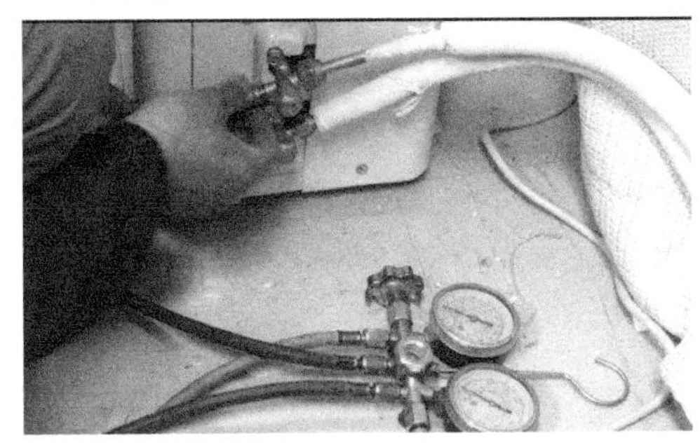

图 3-37　制冷剂排空法

操作过程如下。

① 拧紧室内机两个高低压管接头铜螺帽。

② 拧紧室外机高压管接头铜螺帽，拧上室外机低压管接头铜螺帽但不拧紧。

③ 用内六角扳手逆时针旋转打开高压管阀芯，此时室外机低压管接头铜螺帽处会伴有呲呲声的空气排出。

④ 大约 5～10s 后，手指感觉排出的气体变成凉气时，迅速拧紧室外机低压管接头铜螺帽停止排气。

⑤ 用内六角扳手逆时针旋转打开低压阀芯，排出空气完成。

（2）抽真空法

变频空调一般使用的是 R410A 制冷剂或 R32 制冷剂，R32（二氟甲烷）和空气混合会有发生爆炸的可能，所以不能使用制冷剂排空法。而 R410A 是一种混合制冷剂，它是由 R32（二氟甲烷）和 R125（五氟乙烷）组成的混合物，因为制冷剂排空法将改变冷媒比例，所以也不能使用制冷剂排空法，必须采用抽真空法排出制冷管路中的空气。抽真空法如图 3-38 所示。

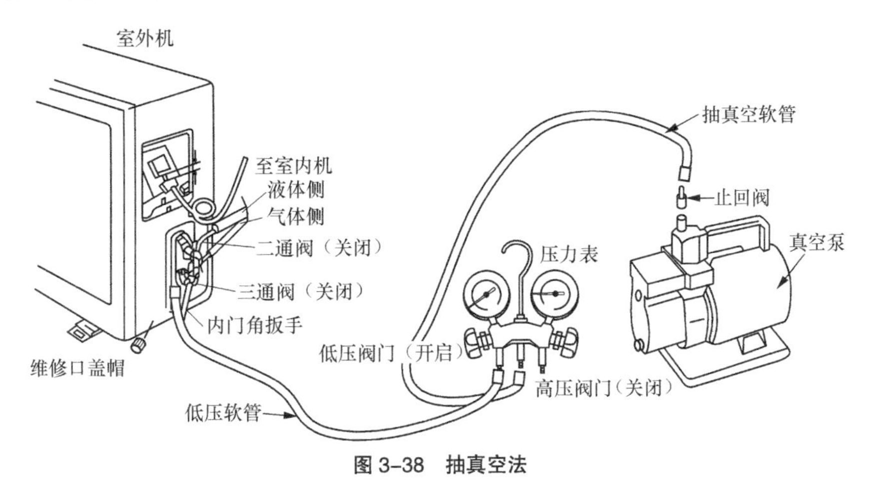

图 3-38　抽真空法

抽真空法操作流程如下。

① 空调安装完毕后，不接通空调电源。

② 将加氟管、压力表和真空泵组合在一起。

③ 将红色低压管一端与真空泵接头连接，另一端与加氟口连接。

④ 打开压力表阀门。

⑤ 启动真空泵，观察压力表（低压）读数≤-0.1MPa 后停止抽真空，抽真空时间根据空调机型和真空泵大小确定，参考时间为 10～30min。

⑥ 观察 3～5min，压力表应保持读数≤-0.1MPa。

⑦ 关闭压力表阀门及真空泵电源，拆除加氟口软管。

⑧ 打开高压、低压阀门，拧紧充氟嘴螺帽。

8. 抽真空注意事项

① 新空调在抽真空前应检查高压阀门、低压阀门是否关闭（此时是给室内机及连接管道抽真空）。

② 如果拆旧空调无氟利昂，在抽真空前需要打开高压阀门、低压阀门（此时是给室内外机及连接管道抽真空）。

③ 挂壁机抽真空时间为 15min，柜式机抽真空时间为 25min 以上，且需要保压 3～5min。

④ 如果压力回弹，施工人员需要检查连接管接头、连接软管及加氟口，找出原因后再重复以上操作。

9. 添加制冷剂

如果空调制冷剂发生泄漏，制冷效果就会下降，必须查明原因并且妥善处理，处理完毕后再通过加注口添加制冷剂。添加制冷剂如图 3-39 所示。

图 3-39 添加制冷剂

添加制冷剂操作如下。

① 将压力表软管接头一端与空调低压管加注口连接并旋紧。

② 用系统内的制冷剂蒸汽把软管内的空气吹净后，再与旋紧连接制冷剂钢瓶阀门软管接头。

③ 启动空调制冷模式，设置温度低于室温 3℃。

④ 压缩机工作，观察低压值。

⑤ 打开制冷剂钢瓶阀门，制冷剂会从低压侧流入空调。

⑥ 观察压力表，制冷剂 R22 低压压力为 0.45～0.55MPa，关闭阀门停止加注。

⑦ 观察 3～5min 保持压力不变，制冷正常，拆除软管。

⑧ 若使用真空泵抽了真空，应在停机状态下先充入制冷剂液体，待压力表指针不再升高时，再启动空调充氟。

10. 铜管焊接注意事项

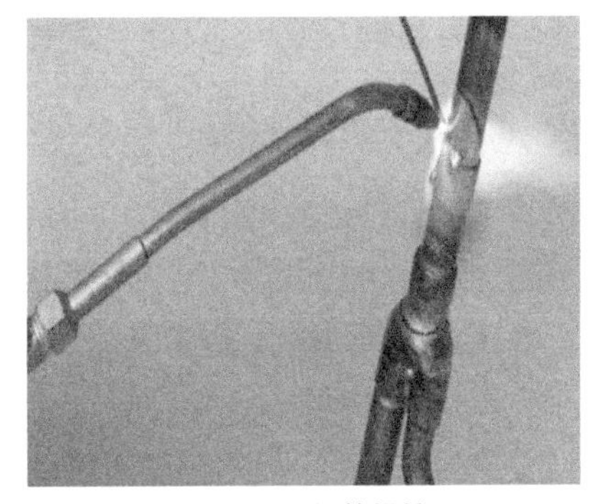

图 3-40 铜管焊接

如果铜管不够长，则施工人员有可能需要进行现场焊接。常用的焊料类型有铜磷焊料、银铜焊料、铜锌焊料等，在焊接时要根据管道的特点，正确选用焊料确保焊接质量。铜管焊接如图 3-40 所示。

焊接流程如下。

① 检查焊炬良好，各气罐气体充足。

② 管件规格一致并用纱布或不锈钢丝清理干净表面。

③ 焊接时，需对焊件预热。

④ 用火焰烤热铜管焊接处，当铜管受热至紫红色时，移开火焰，将焊料靠在焊口处，使焊料熔化后流入焊接的铜件中。

⑤ 焊件受热后的温度可通过颜色来反映温度的高低，暗红色时 600℃左右，深红色时 700℃左右，橘红色时 1000℃左右。

⑥ 铜管冷却后用干燥氮气清理管内氧化物和焊渣。

⑦ 注意焊接时，气焊火焰不得直接加热焊条 。

⑧ 对于高温条件下易变形、易损坏的部件应采取相应的保护措施。

⑨ 焊接操作过程中应注意各气罐与明火的安全间距≥ 5m，焊接现场空气流通且备有灭火装置，焊接过程中还应正确穿戴劳动防护用品及佩戴护目镜。

11. 空调安装技术要求

① 电源线的线径及空气开关容量满足设计要求。

② 室内外机的安装位置合适，要留有检修空间。

③ 过墙孔要内高外低，防止雨水倒灌。

④ 室外机的安装位置应通风良好，无重粉尘、油污等。

⑤ 室内外机连接管弯曲应平顺、无折弯。

⑥ 各接头安装完成后应做查漏。

⑦ 空调制冷剂压力符合厂家要求。

⑧ 空调机组正常运行时应无异常噪声。

⑨ 冷凝水排水顺畅。

3.7 监控设备安装

为了掌握基站的供电情况、设备运行情况，实施运维集中管理，可通过监控网管第一时间掌握机房设备的运行状态及设备存在的问题和故障，以便及时通知运维人员赶赴现场进行相关故障处理。监控的项目有温湿度、门禁系统、水浸、红外、烟雾、交流供电、开关电源、蓄电池、传输、空调等设备。

现以维谛GFSU-2012ID采集器为例介绍基站监控设备的安装。

1. 设备端口介绍

GFSU-2012ID采集器是一种智能型采集系统，主要应用于接入网和户外基站等机房的环境监控，采用1U设计，可满足机柜、墙面等不同的安装环境。采集器外观如图3-41所示，设备端口名称如图3-42所示。

图3-41　采集器外观

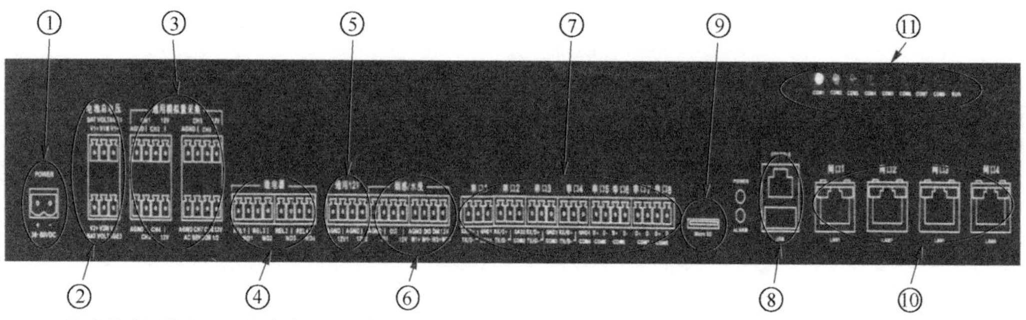

① 直流电源输入口。② 电池总电压输入口。③ 通用模拟量采集口。④ 继电器采集口。⑤ 通用12V接口。⑥ 烟感/水浸接口。⑦ 1～8串口。⑧ 测试口。⑨ SD卡槽。⑩ 网口。⑪ 设备指示灯。

图3-42　设备端口名称

2. 采集器设备的安装步骤及要求

（1）采集器的安装步骤

① 设备开箱，清点货物。

② 安装挂耳。

③ 根据图纸测量监控采集器设备的安装位置及高度（下沿距地1.4m）。

④ 用直径6mm的塑料膨胀管及自攻螺丝将设备固定在墙上。

（2）采集器的安装要求

① 小型机房监控采集器一般采用墙体安装。

② 不得将采集器安装在有进线孔及有水渍的墙面。

③ 将采集器安装在远离热源处。

④ 插拔电路板时，施工人员须带防静电手环或手套。

⑤ 严禁带电操作。

⑥ 采集器应从开关电源二次下电侧取电，熔丝或空气开关规格为 10A。

3. 插拔式接线端子的成端制作

插拔式接线端子的成端分 2 个步骤，具体步骤如图 3-43 和图 3-44 所示。成端完成后的示例如图 3-45 所示。

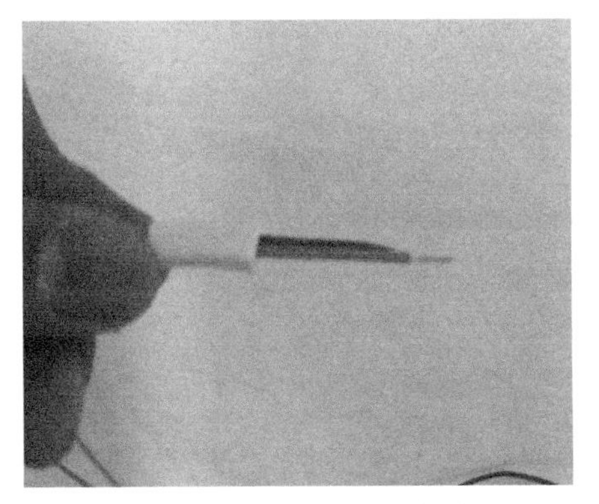

图 3-43　用专用工具开剥芯线

图 3-44　松开螺丝后把开剥的线缆放入线槽，再拧紧螺丝

4. 相关传感设备的介绍

（1）采集器总电源引入

采集器从开关电源的二次下电侧取电，熔丝或空气开关规格为 10A。开关电源侧的输出熔丝或开关至采集器侧直接输入端口如图 3-46 所示。

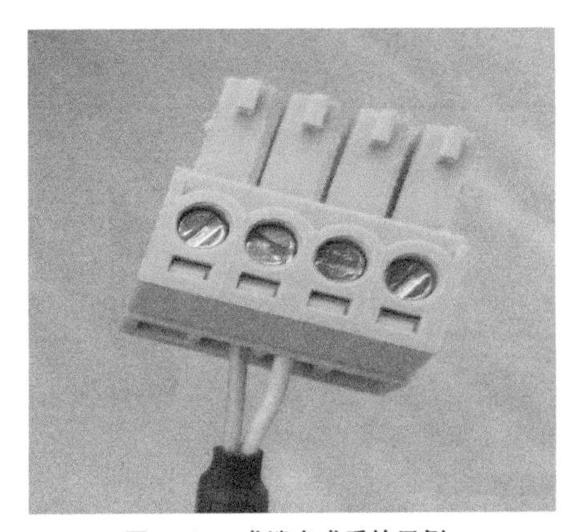

图 3-45　成端完成后的示例

图 3-46　开关电源侧的输出熔丝或开关至采集器侧直流输入端口

（2）电池总电压输入口

该端口通过线缆连接蓄电池的正负极和中性线，通过正负极采集蓄电池总电压，通过中性线采集蓄电池正半极电压和负半极电压。蓄电池总电压和中性线正负半极端口连接如图 3-47 所示，连接效果如图 3-48 所示。

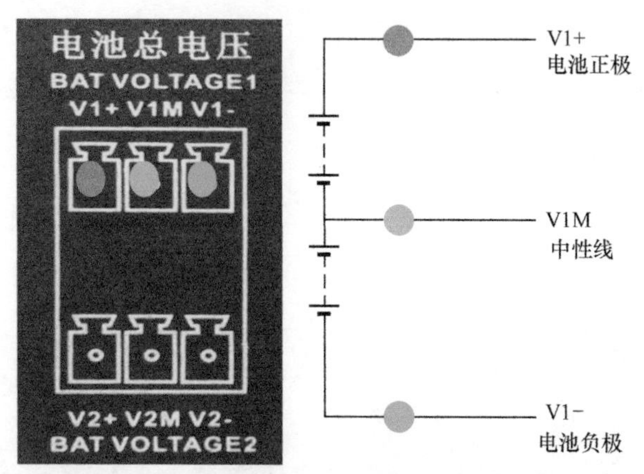

图 3-47　蓄电池总电压和中性线正负半极端口连接

图 3-48　连接效果

（3）通用模拟量采集口

通用模拟量采集口最多可接入4路温湿度设备，其他12V设备可以通过该端口进行数据的采集。模拟量采集接线端口如图3-49所示。

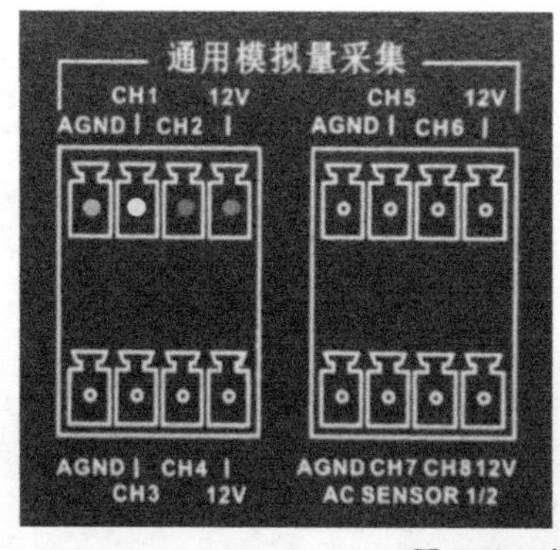

图 3-49　模拟量采集接线端口

（4）继电器采集口

继电器采集口接入照明开关，可用来实现远程控制照明。照明开关控制连线如图3-50所示。

（5）通用12V接口

当12V电源接口不能满足需求时，通用12V接口可以为其他需要12V设备提供电源，例如烟感、红外、温湿度等设备。通用12V接口连接如图3-51所示。

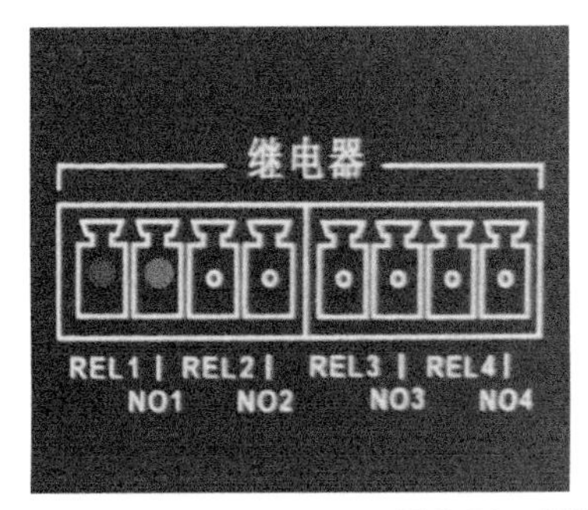

图 3-50　照明开关控制连线

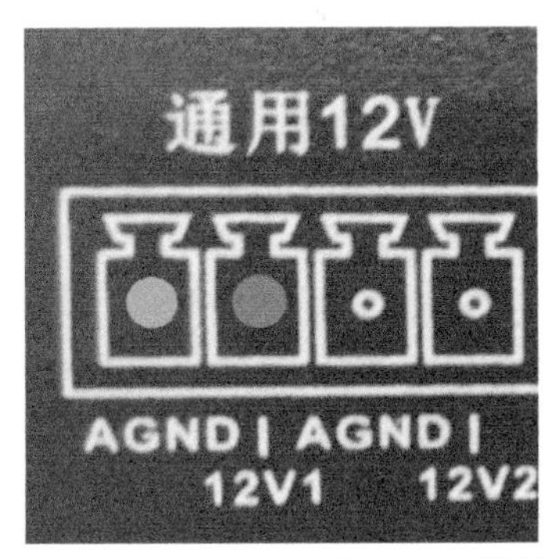

图 3-51　通用 12V 接口连接

（6）烟感 / 水浸接口

烟感 / 水浸接口包括烟雾传感器接口和水浸传感器接口。烟雾传感器接口如图 3-52 所示，水浸传感器接口如图 3-53 所示。

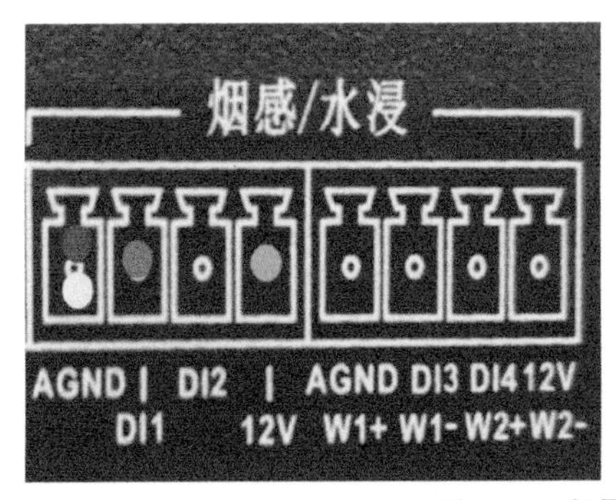

图 3-52　烟雾传感器接口

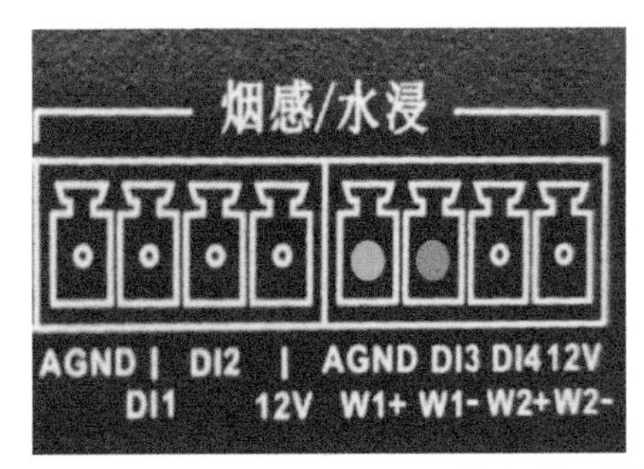

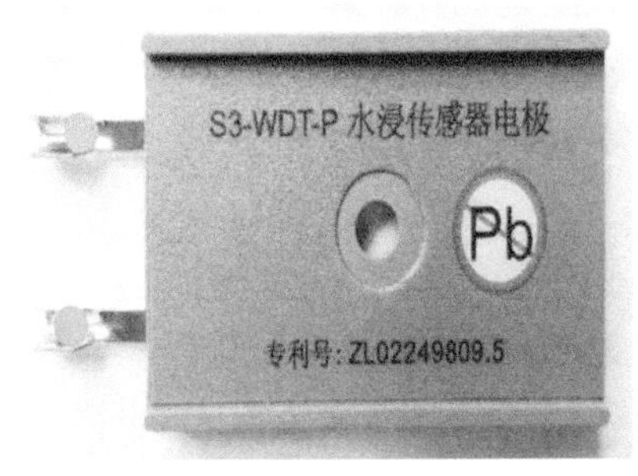

图 3-53　水浸传感器接口

（7）1～8 串口

这 8 个端口为智能接口，串口 1～4 为 RS232 接口，串口 5～8 为 RS485 接口，可远程监控空调、开关电源、门禁等。智能设备串口连接如图 3-54 所示。

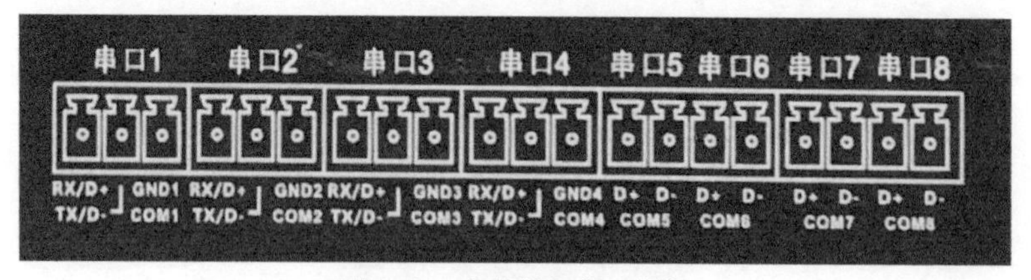

图 3-54 智能设备串口连接

（8）测试口

测试口（CONSOLE）是 1 个 RJ45 接口，可用于现场调试。调试人员可直接通过调试线缆连接到计算机串口上，修改采集器内部参数。测试口如图 3-55 所示。

（9）设备指示灯

COM1～COM8 为串口指示灯，当 COM1 灯闪烁时，串口 1 接收或发送数据，当 COM1 灯灭时，串口无数据收发。其他串口指示灯同理。RUN 为设备运行指示灯：灯亮，设备正常运行；灯灭，设备未加电或未运行。设备指示灯如图 3-56 所示。

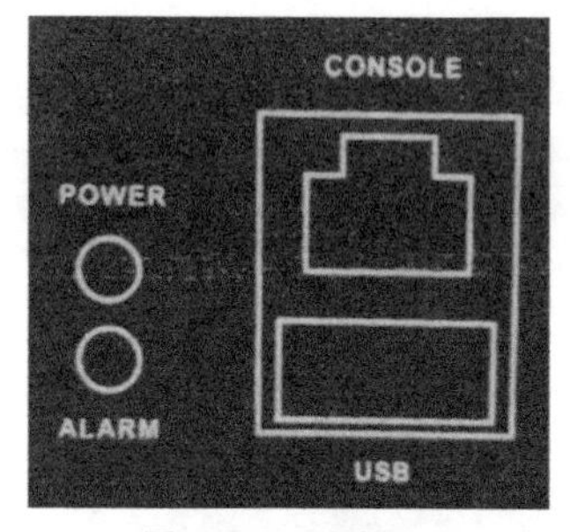

图 3-55 测试口

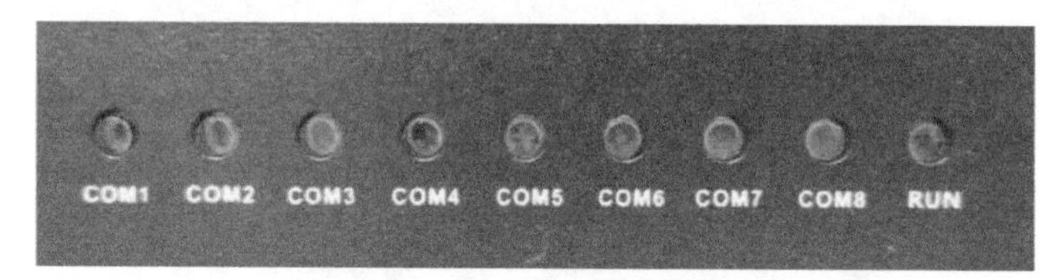

图 3-56 设备指示灯

（10）门禁系统

门禁系统通常由读卡器、控制器、脉冲锁及连线等组成，目的是更好地管理和统计机房人员的出入情况和保证机房安全。门禁系统从采集器总电源处取电，通过 DC48V 转 12V 模块给门禁控制器提供 12V 电源。门禁读卡器及控制器如图 3-57 所示。

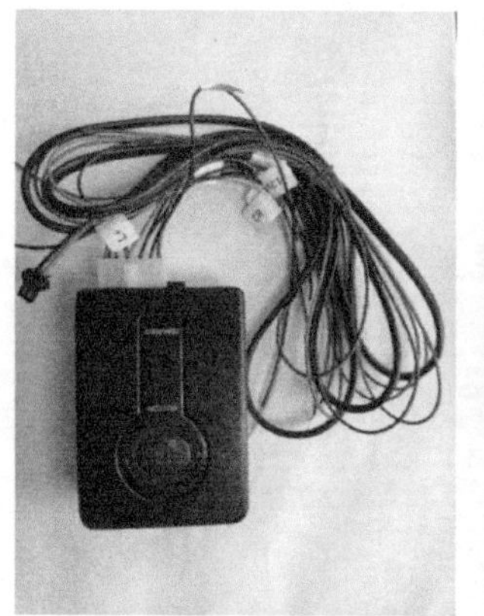

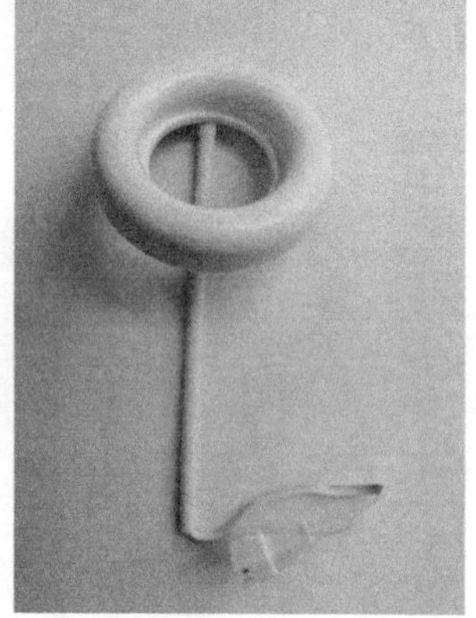

图 3-57 门禁读卡器及控制器

（11）门磁

门磁由无线发射器和永磁体两部分组成，一部分安装在门框，另一部分安装在门上。当门被开启，发射器与永磁体也就被分离，（电波）信号即刻发射，提醒门被打开。门磁如图 3-58 所示。

（12）出门按钮

从室内可以通过门禁控制器上的按键或出门按钮这两个开关打开房门，门禁控制器的电源与采集器在一个端口取电。门禁控制器和出门按钮如图 3-59 所示。

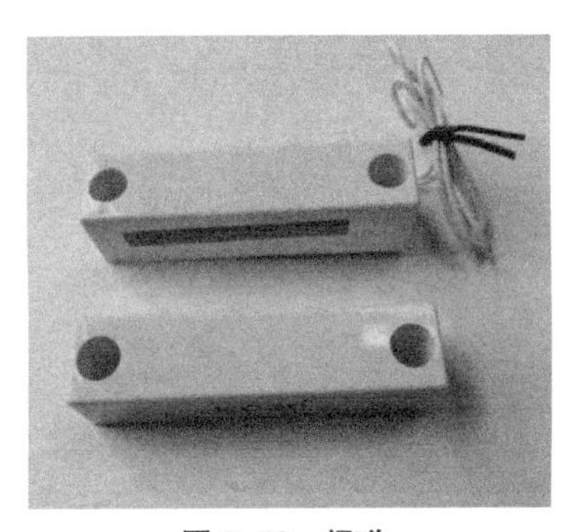

图 3-58 门磁

图 3-59 门禁控制器和出门按钮

（13）电控锁

电控锁在门禁控制器里取电。电控锁如图 3-60 所示。

图 3-60 电控锁

（14）视频监控

视频监控系统可捕捉监控区域内的画面并传输到存储器中。操作人员可发出指令，对云台的上、下、左、右的动作进行控制及对镜头进行变焦操作，也可以对图像进行回放操作。为防止雷电或异常电流窜入损坏摄像头，操作人员可以在摄像头电源电路和信号电路中串接电涌保护器，摄像头电源与采集器在一个端口取电。摄像头及保护器如图 3-61 所示。

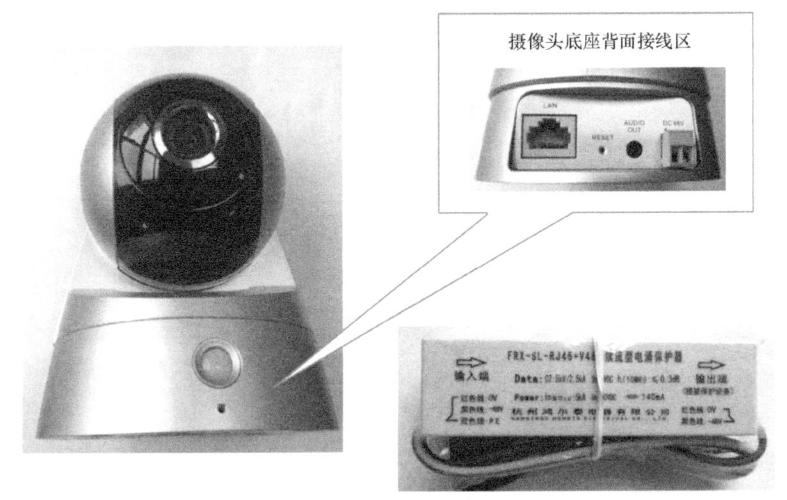

图 3-61 摄像头及保护器

（15）空调防盗

为实现空调防盗功能，可随冷凝管布设一根双芯导线进入室外机，导线构成回路。

若有人偷盗空调室外机，那么导线必然被破坏，一旦导线断开，设备就会告警。空调防盗和烟感 / 水浸接口都是数字量监控，如果设备没有防盗接口，那么也可以用烟感 / 水浸接口实现室外机防盗功能。空调防盗传感器接口如图 3-62 所示。

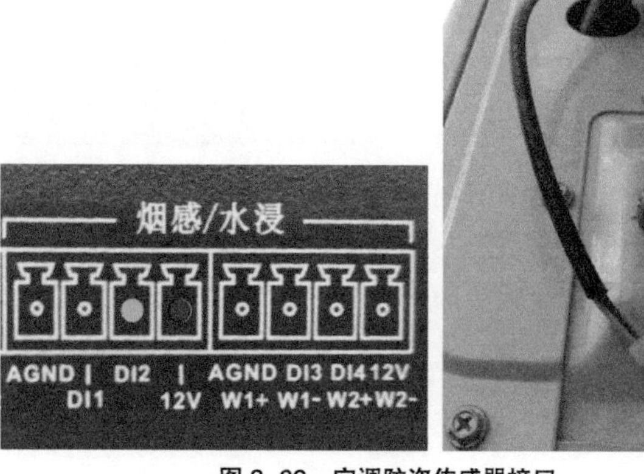

图 3-62　空调防盗传感器接口

（16）三相四线多功能电能表

三相四线智能电表主要检测市电的三相电的电压及电流数据，根据采集到的数据来判定机房是否停电及机房的用电量。智能电表如图 3-63 所示，电流互感器如图 3-64 所示，交流配电进线柜如图 3-65 所示。

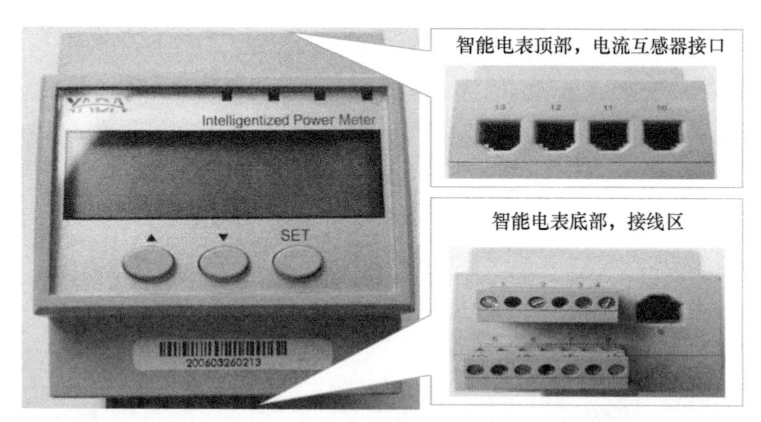

图 3-63　智能电表

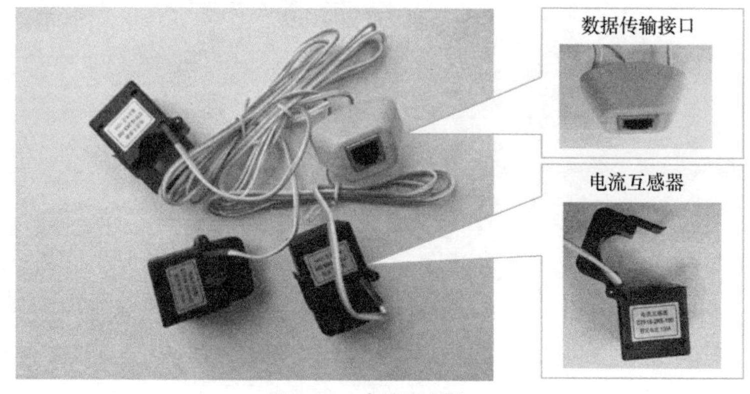

图 3-64　电流互感器

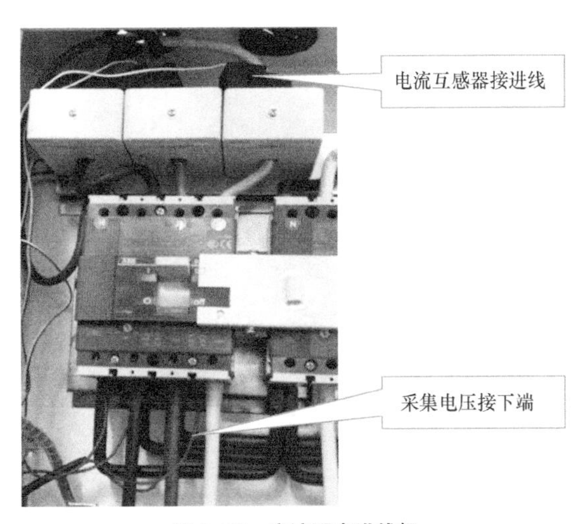

图 3-65 交流配电进线柜

3.8 电（线）缆布放、成端及标签制作

设备安装完成，布放和成端电（线）缆结束后，设备才能加电运行。

1. 电（线）缆布放绑扎的步骤及技术要求

工程中需要布放的电（线）缆主要有电源电缆、信号线缆、接地电缆三大类，其中信号线缆包括馈线、尾纤、网线。各种电（线）缆邻近布放时，电（线）缆间可能存在磁场干扰，进而影响通信质量。因此在施工时通常需要将电（线）缆分层、分类布放，不具备分层布放条件的各种类型的电（线）缆间也应留有一定空间，或将电（线）缆穿入屏蔽套管后再布放。室内走线架电（线）缆排列如图 3-66 所示。

图 3-66 室内走线架电（线）缆排列

（1）电（线）缆布放绑扎的步骤

① 现场对照设计方案确定好各型号电（线）缆的走线路由并确定其长度。

② 核对电（线）缆的规格、型号、截面积等参数，确保符合设计要求。

③ 按照实际需要截取合适长度的电（线）缆。

④ 将电（线）缆两端裹上绝缘胶带，做绝缘处理。

⑤ 根据电（线）缆的长度、规格和型号，结合现场的实际情况，选择电（线）缆从中间向两端布放，或从一端往另一端布放。

（2）电（线）缆布放绑扎的技术要求

不同的电（线）缆有不同的物理特性，紧密布放时可能存在磁场干扰，进而影响通信质量。因此在施工时，施工人员通常需要将电（线）缆分层、分类布放，不具备分层布放条件的各类型电（线）缆间也应间隔一定空间，或将电（线）缆穿入屏蔽套管后再布放。

① 电缆必须整段布放，中间无接头，电缆外护套无损伤。

② 绑扎时应把电（线）缆顺直、不交叉、不扭曲。

③ 交流、直流、信号电（线）缆应分层或分别绑扎，中间留有空间。

④ 电缆的弯曲半径符合要求，铠装电缆的弯曲半径不小于电缆外径的 12 倍，普通软电缆的弯曲半径不小于电缆外径的 6 倍，软跳纤的弯曲半径不小于该软跳纤外径的 10 倍。

⑤ 同类型电（线）缆绑扎后应相互紧密靠拢。

⑥ 电缆绑扎间距为 30～50mm。

⑦ 线扣朝向一致，绑扎松紧适宜，电缆转弯处严禁绑扎。

⑧ 室内多余扎带头齐根剪平，不能留有尖刺。

⑨ 室外宜用黑色防紫外线扎带，扎带应留 2～3 齿剪平。

2. 电缆成端的步骤及技术要求

电缆成端主要采用扭绞加锡焊法、熔压法以及接线子法。本节所述的为最常用的接线子法，即用金属接线端子与电缆线芯压接，再将接线端子与设备相连接。

（1）电缆成端的步骤

采用接线子法进行电缆成端大致可分为 6 个步骤，具体步骤如图 3-67 至图 3-72 所示。

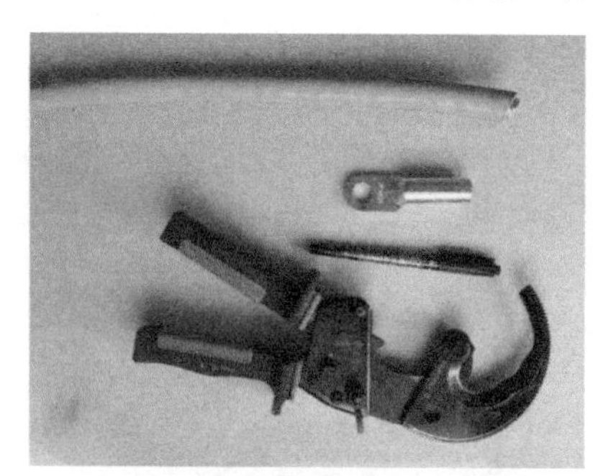

图 3-67　准备好成端工具及与电缆型号相匹配的铜接头

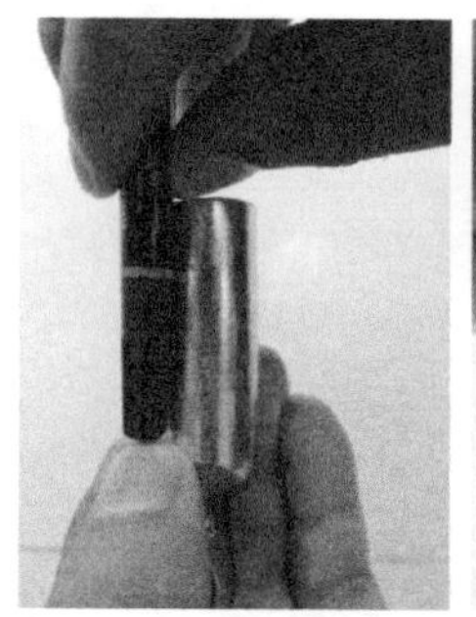

图 3-68　测量出铜接头管壁深度并在铜接头外侧做好标记

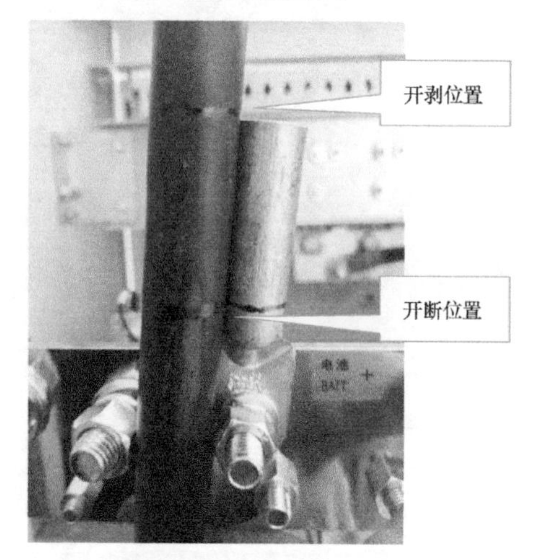

图 3-69　明确熔丝位置并在电缆上分别标记出开断位置、开剥位置

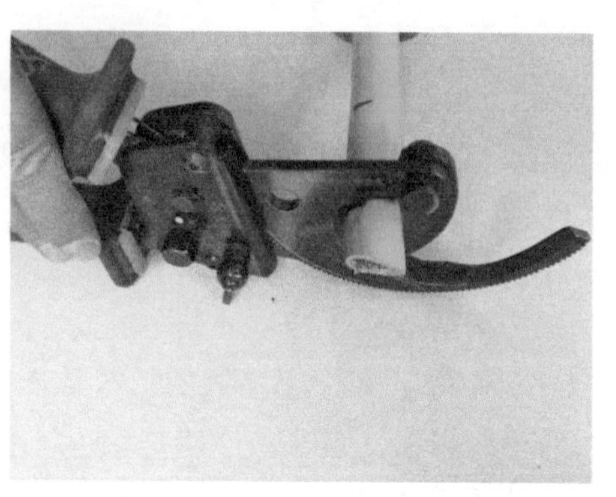

图 3-70　根据标记开断及开剥电缆

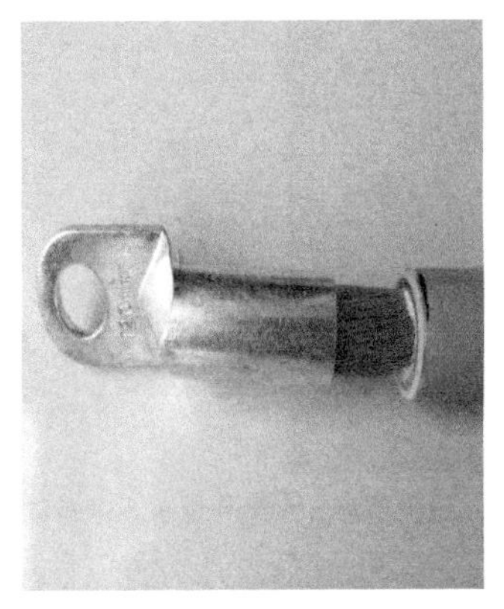

图 3-71 把电缆穿入铜接头内

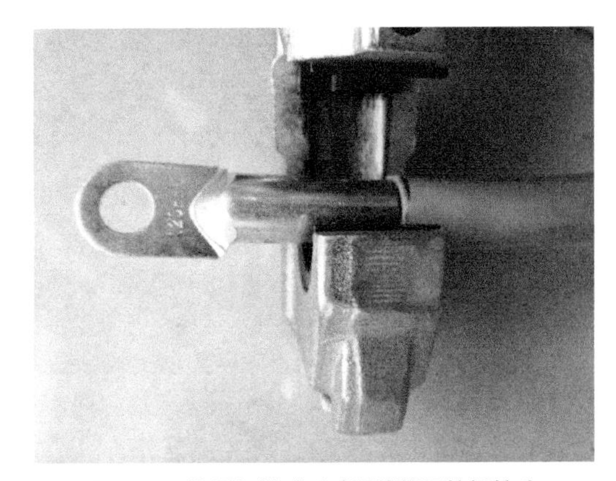

图 3-72 使用机械或手动压线钳压接铜接头

（2）电缆成端的技术要求

正确、规范的电缆成端是为设备稳定供电的最基本要求，电缆线芯的成端应满足机械强度和电性能的需求，不同规格、材质的电缆成端都应符合规范。具体的技术要求如图 3-73 至图 3-76 所示。

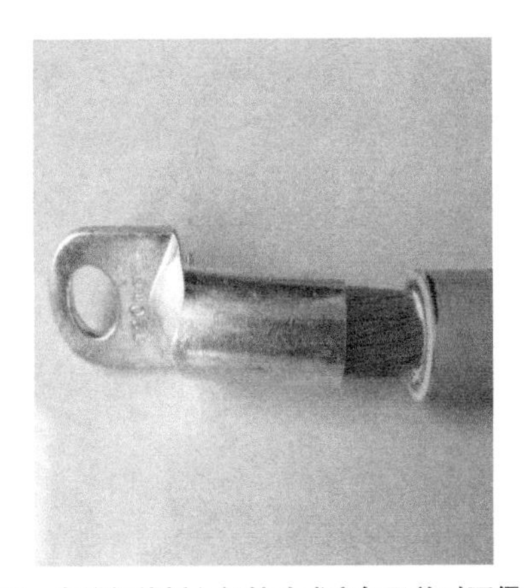

图 3-73 电缆铜线插入铜接头或空气开关时不得剪股

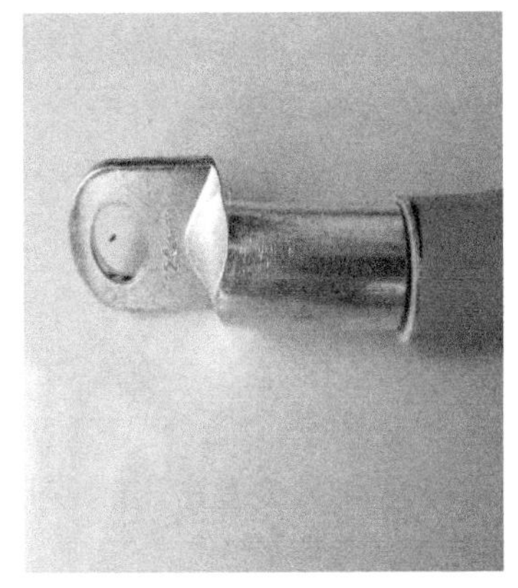

图 3-74 成端完成后电缆和铜鼻衔接处不得出现“露铜”现象

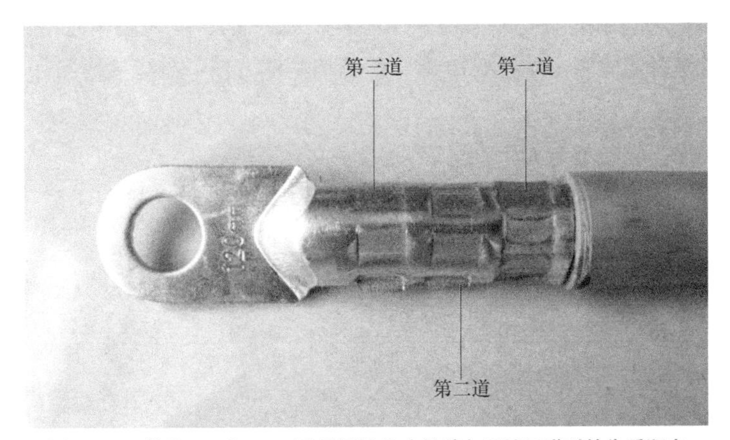

图 3-75 使用 DT 或 DTG 型号铜接头（长臂）压接三道时的先后顺序

图 3-76　成端螺丝应遵循从里向外、从下往上、从左往右原则安装，螺杆露丝应在第 3 到第 5 个螺纹处

施工人员注意：压接需使用专用工具，截面积为 $50mm^2$ 以上的电缆要用 DT 或 DTG 型号铜接头（长臂）并压接 3 道，$50mm^2$ 以下的电缆可用 JG 型号铜接头压接 1 道（短臂）。

3. 热缩套管的安装

根据电（线）缆所起作用选配相应颜色的绝缘材料，将电（线）缆开剥处和铜接头进行绝缘处理，绝缘材料可用热缩套管、冷缩套管及绝缘胶带 3 类。

① 一般情况下，热缩套管的裁剪长度与铜接头长度相同为宜。裁剪热缩套管长度如图 3-77 所示。

② 直流正极使用红色热缩套管，负极使用蓝色热缩套管。

③ 工作地使用红色热缩套管。

④ 保护地使用黄绿色热缩套管。

⑤ 380V 电源线 A 相为黄色热缩套管、B 相为绿色热缩套管、C 相为红色热缩套管、N 相为蓝色热缩套管、地线为黄绿色或黑色热缩套管。

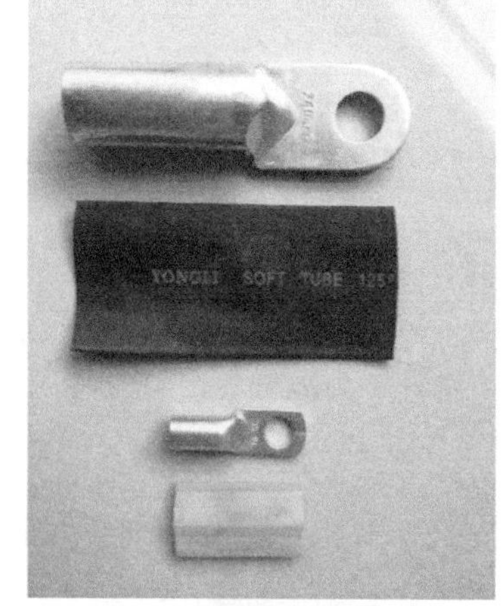

图 3-77　裁剪热缩套管长度

4. 标签的制作和粘贴

信号、数据的传输都是在不可见物质和状态下进行的，平时还需定时维护，为了避免对维护人员造成伤害及网络出现通信故障，正确粘贴电（线）缆标签是保证工程质量不可或缺的一部分。

对标签的制作、粘贴要求如下。

① 标签可按照客户需求制作，通常标签上的信息应包含但不局限于工程名称、电（线）缆型号、电（线）缆起止端、施工日期等。

② 标签粘贴或悬挂位置为电（线）缆成端尾部往电（线）缆侧 20～40mm 处，同一接线侧的多条电缆（线）标签应保持高度一致。

③ 标签的信息文字应朝向维护侧。

④ 标签不得手写或涂改。

⑤ 标签应粘贴牢固。

Chapter 4
第4章

一体化机柜安装

室外一体化机柜将配电、空调、设备安装、动环监控等功能整合集成于一体，具有集中化、占地面积小、搬运和安装快捷简单的特点，并且能够适应路边、楼顶、山区等多种室外环境。随着云计算、移动互联网、物联网等产业蓬勃发展，再加上5G网络覆盖的技术特点，站点将越来越密集，必须便捷、灵活、高效地利用有限的公共资源，因此，一体化机柜已被各大运营商优先选用。

安装室外机柜宜选择地势较高，地形平坦，土质稳定，通信光缆方便布放，市电容易接入，方便新建手孔和基座条件的位置。便于施工维护，交通方便，有良好的通风散热环境及接地电阻率较低的地点也是站址备选点。在有高压线穿越、电磁干扰严重、高温、易燃易爆、库房及空气环境恶劣、强雷击、易于淹没的洼地等严重影响室外机柜安全的地点都不适合安装室外机柜。

室外机柜安装流程如图 4-1 所示。

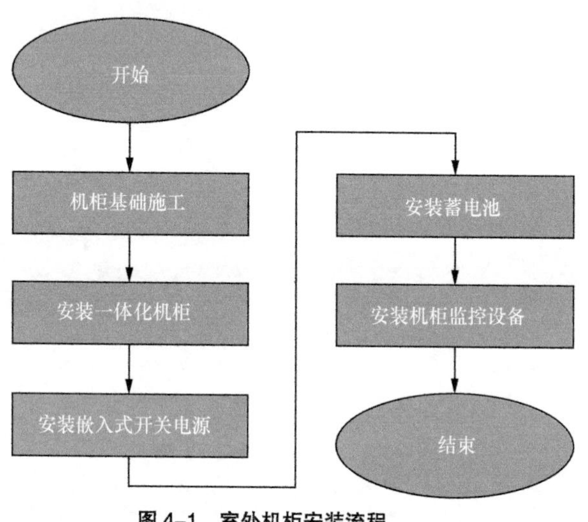

图 4-1　室外机柜安装流程

4.1 机柜基础施工

1. 机柜基础施工步骤

① 依据图纸确认位置。

② 开挖基坑，需要注意施工人员穿戴的劳动防护用品、施工现场四周的安全护栏、夜间的警示灯，清理地面、地下障碍物。

③ 安装接地基础。

④ 基座下分层回填夯实。

⑤ 放入钢筋笼。

⑥ 接地桩与钢筋笼焊接做防腐处理。

⑦ 引出接地点及预埋光电缆的进线套管。

⑧ 支模。

⑨ 水泥的浇灌。

⑩ 保养。

⑪ 回填。

2. 基础施工的技术要求

① 基座的承载负荷不小于 6kN/m²，由混凝土浇灌而成。

② 基座尺寸可参照机柜尺寸确定，长宽超出机柜外形尺寸 50mm，基础平面高出历史最高水位不小于 100mm，水平误差小于 3‰。

③ 基座下回填土必须分层回填、夯实处理，每层不高于 200mm，回填夯实后必须浇灌 100mm 厚的 C15 素混凝土垫层并向外延伸出基础 100mm。

④ 机柜基础为钢筋混凝土板，厚度为 150mm。基础平面布置如图 4-2 所示。

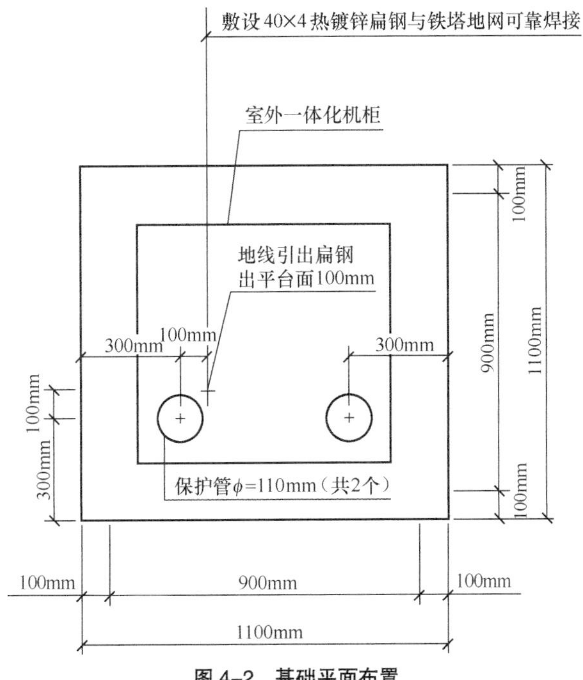

图 4-2 基础平面布置

⑤ 混凝土强度等级要求为设备基础 C25，基础垫层 C10；基础采用直径 HPB300 钢筋，混凝土保护层的厚度为 50mm，预埋电源线、光电缆引入管孔至基座上方线槽符合设计要求。

基础成形剖面如图 4-3 所示。

3. 基础接地网要求

基础接地网的安装应与基础同步实施，在基座周围开挖 700mm 深的环形地网沟，把长度不小于 2500mm 的垂直接地体打入基础沟，其间距为垂直接地体的 2 倍，深度在接地体顶端高于沟底 200mm 以内，水平接地体与垂直接地体焊接，再与底座焊接，基座两侧分别用镀锌扁铁引上做设备接地点，每个机柜都有两个接地扁铁。此接地体有两处与塔基地网连接。接地体先用沥青涂抹，然后缠绕一层麻布，再覆盖一层沥青做三层防腐处理，接地电阻小于10Ω。

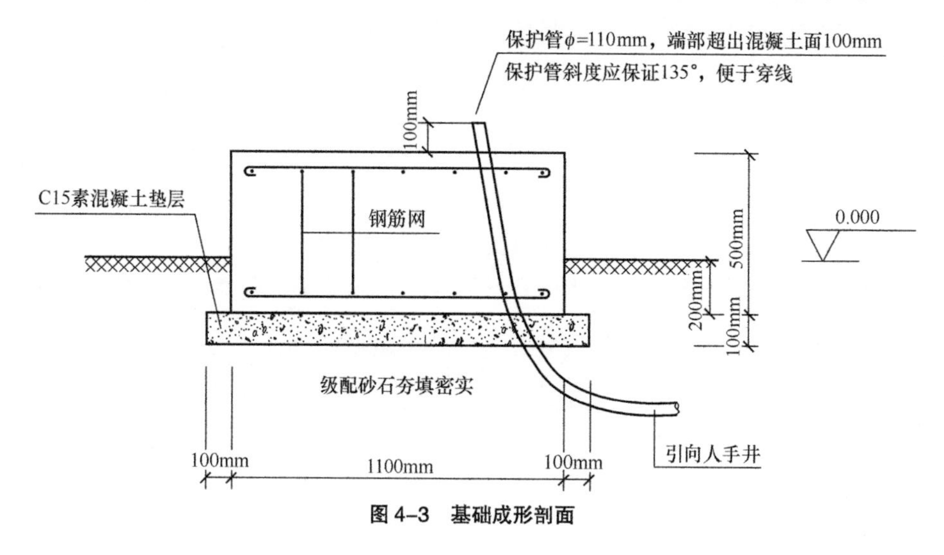

图4-3　基础成形剖面

接地安装平面如图4-4所示。接地安装剖面如图4-5所示。

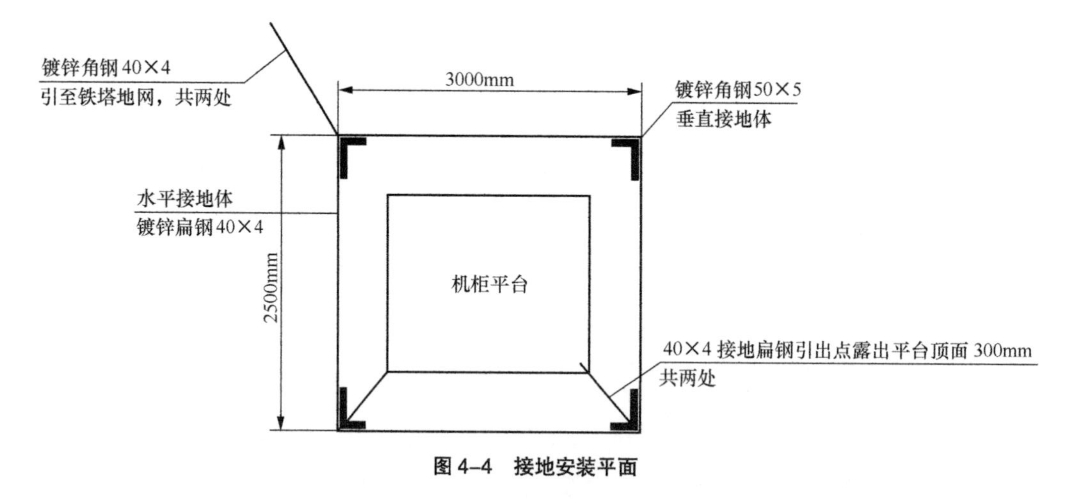

图4-4　接地安装平面

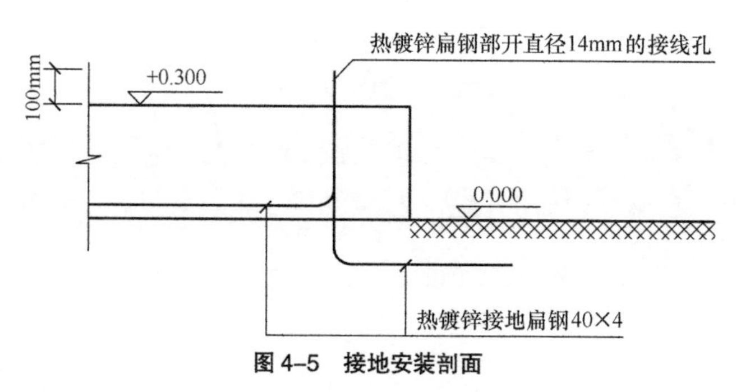

图4-5　接地安装剖面

4. 模板支设要求

① 板缝严密，严禁漏浆，模板必须平整，支模前必须刷脱模剂。

② 支模过程中，严禁砸碰模板，模板相邻板差控制在 2mm 以内，平整度控制在 5mm 以内。

③ 在保证模板尺寸正确、支模牢固的情况下可进行混凝土浇筑。模板支设及钢筋笼钢筋间距如图 4-6 所示，混凝土浇灌及保养如图 4-7 所示。

图 4-6　模板支设及钢筋笼钢筋间距

图 4-7　混凝土浇灌及保养

4.2 安装一体化机柜

目前，新建一个室外站至少需要安装两架一体化机柜，其中一架用于安装直流电源、蓄电池和动环监控等设备，通常被称为电源机柜；另一架用于安装传输设备、基站主设备、直流电源分配单元（Direct Current Distribution Unit，DCDU）和熔纤箱等设备，通常被称为设备机柜。

1. 一体化机柜安装流程

① 按照设计图纸在水泥基础上标注机柜的摆放位置。

② 在接地扁铁上钻孔，预留保护地、防雷地的连接位置。

③ 把机柜搬运到安装位置钻孔固定。

2. 接地要求

从室外接地扁铁上，分别用 35mm² 的黄绿电缆做引入线接至机柜保护地排、防雷地排、加强芯地排上，作为机柜设备接地用，接地扁铁需提前钻孔做好接地准备。接地扁铁钻孔如图 4-8 所示。

图 4-8　接地扁铁钻孔

3. 一体化机柜搬运

一体化机柜的体积较大且较重，施工人员在搬运的过程中应注意安全，以免出现机柜倾覆危及人身安全，搬运分为 4 个步骤。具体步骤如图 4-9 至图 4-12 所示。

图 4-9　轻轻推起机柜将推车托盘插入机柜底部，并使推车紧贴机柜

图 4-10　机柜倾斜，与地面保持 45°，并用推车将其移动至安装平台边缘

图 4-11　将机柜底部抵住安装平台

图 4-12　施工人员在机柜两侧同时推动机柜至安装平台

4. 机柜固定

根据设计文件，施工人员应在现场确定安装位置，对机柜进行加固。钻孔固定机柜如图 4-13 所示，安装完成后的整体效果如图 4-14 所示。

图 4-13　机柜位置钻孔

图 4-14　安装完成后的整体效果

4.3 安装嵌入式开关电源

一体化机柜内安装的所有设备均为嵌入式，其中直流电源单元型号为 -48V/300A，直流电源主要包括整流模块、监控模块、逆变器、蓄电池、交流配电输入、直流配电输出、防雷模块、监控模块及防盗模块等。本节以安装安耐特直流电源设备为例。PDF 面板如图 4-15 所示，嵌入式开关电源如图 4-16 所示。

图 4–15　PDF 面板

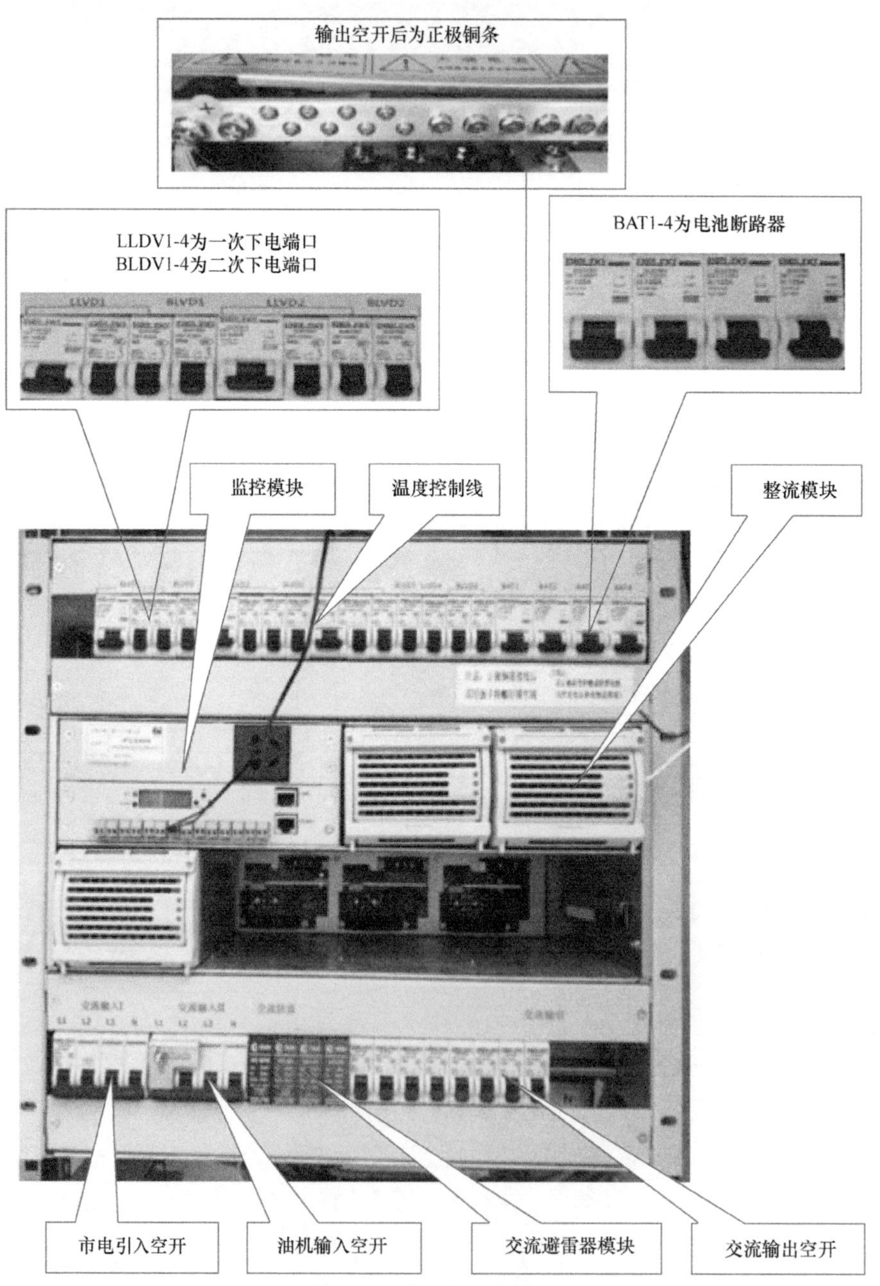

图 4–16　嵌入式开关电源

1. 嵌入式直流开关电源的安装步骤

① 依据设计文件把直流单元安装到设计要求的位置。

② 布放各型号电缆、工作地线和保护地线。

③ 电缆的成端及标签制作。

2. 嵌入式直流开关电源的安装要点

① 水平安装，紧固螺丝。

② 设备较重，需要提前安装托架。

③ 保持与其他设备的间距，利于散热。

3. 嵌入式直流开关电源成端技术要求

① 监控、传输设备接二次下电输出区域，其他设备均接一次下电输出区域。

② 成端螺杆原则是从里向外、从下往上、从左到右，便于维护。

③ 根据设计要求使用对应容量的熔丝或空气开关。

④ 成端使用专用工具制作并使用与电缆颜色相同的绝缘热缩套管。

⑤ 380V 电源 A 相线色为黄色，B 相线色为绿色，C 相线色为红色，零线为蓝色，地线为黑色。

⑥ 蓄电池正极为红色，负极为蓝色。

4.4 安装蓄电池组

蓄电池的安装要求如下。

① 外观无变形、损伤、漏液，接口触点无锈蚀。

② 蓄电池叠加安装在电源机柜内。

③ 电源机柜空间不够时，可将部分蓄电池分摊到设备机柜内安装。

④ 蓄电池与机柜立柱用螺丝固定。蓄电池安装效果如图 4-17 所示。

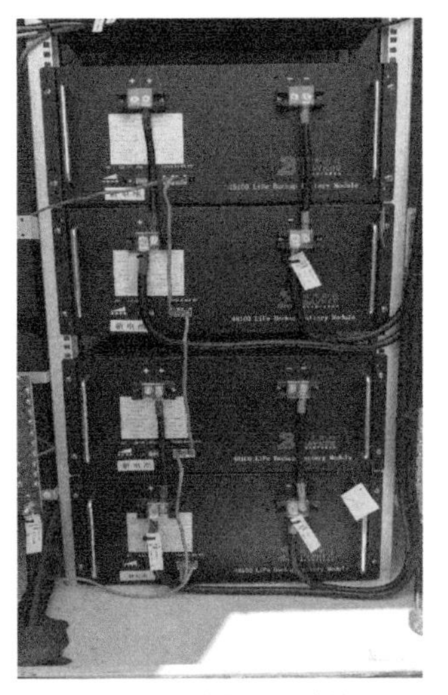

图 4-17　蓄电池安装效果

4.5 安装机柜监控设备

室外一体化机柜为实现环境监控功能需要安装烟感、温控、水浸、空调、门锁、蓄电池等设备。本节以杭州 Kongtrolink 公司设备为例。

1. 机柜环境监控设备的安装步骤

① 根据设计图纸安装采集器。

② 布放成端各型号线缆。

③ 安装环境智能设备。

2. 机柜环境监控设备的安装技术要求

① 现场操作时需要佩戴防静电手环。

② 采集器须在断电情况下操作。

③ 采集器工作地、防雷地或电力设备的接地避免合用，防干扰。

④ 采集器的摆放位置需要远离热源，周围至少留有大于 10mm 的散热空间。

3. 机柜环境监控设备介绍

监控设备面板如图 4-18 所示。

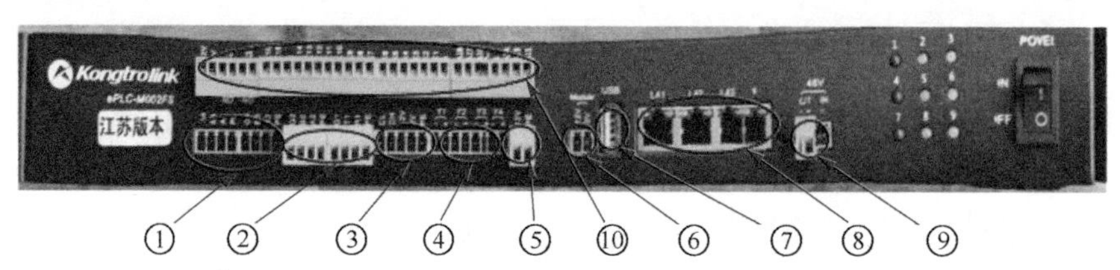

① 485 通信口。指定接口，把出厂时指定为 485 口的设备接至该口。

② 232 通信口。指定接口，把出厂时指定为 232 口的设备接至该口。

③ 总线口。烟感、水浸、温湿度等传感器接口。

④ Y1 ～Y4 接口。其中 Y1、Y4 为控制接口，例如智能锁。Y3、Y4 也可以为 12V 接口。

⑤ 12V 接口。

⑥ Modem 电源接口。

⑦ 数据与监控平台传送接口。

⑧ 测试接口。LA1 为摄像头通信口。

⑨ -48V 接口。连接摄像头及采集器的电源引入端口。

⑩ 模拟量接入口。DI 端口可接烟感、水浸等传感器，AI 口可接温湿度传感器。

图 4-18　监控设备面板

4. 机柜环境监控附属设备的相关介绍

① 智能控制器。其中 17 ～20 为 485 扩展口，16 为 232 扩展口。智能控制器如图 4-19 所示。

② 无线通信模块。该模块通过移动通信网络与维护平台保持联系。无线通信模块如图 4-20 所示。

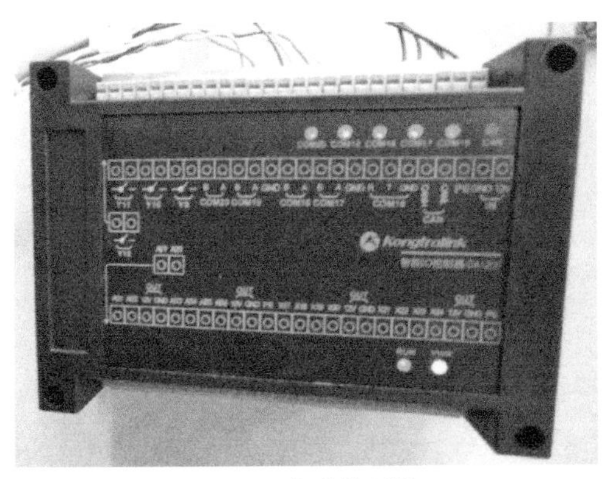

图 4-19 智能控制器

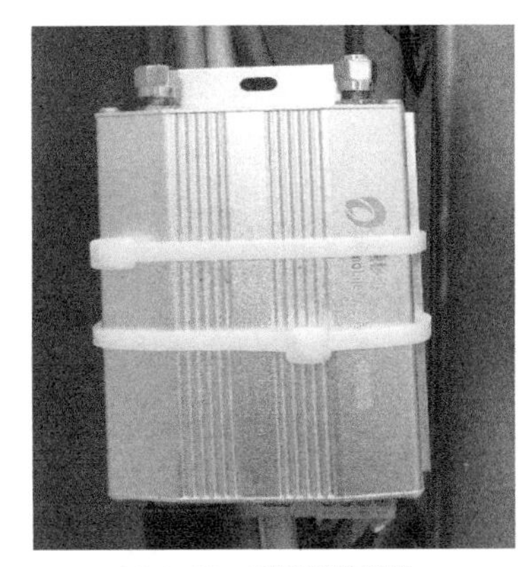

图 4-20 无线通信模块

③ 监控电流、电压及停电等信息接口。监控接口如图 4-21 所示。

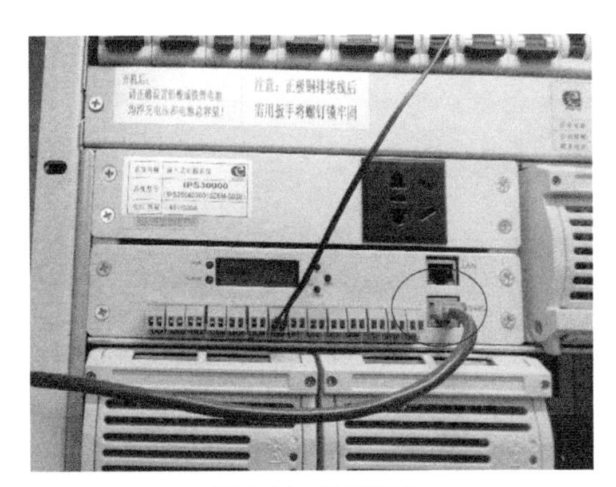

图 4-21 监控接口

④ 温湿度传感器如图 4-22 所示。

⑤ 蓄电池信息监控接口如图 4-23 所示。

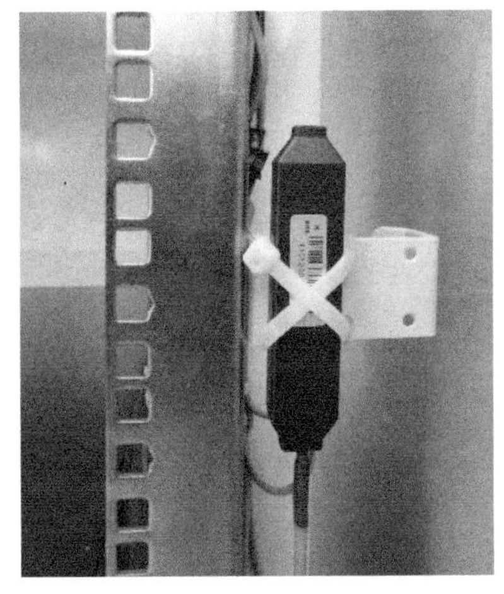

图 4-22 温湿度传感器

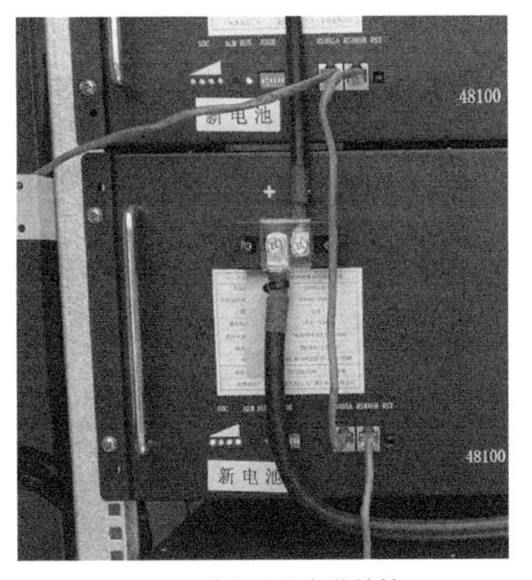

图 4-23 蓄电池信息监控接口

⑥ 空调监控接口如图 4-24 所示。

⑦ 总线。当多个机柜进行连接时，任意一个端口与另一根总线连接引入下一机柜，端口与传感器相连。总线如图 4-25 所示。

图 4-24　空调监控接口

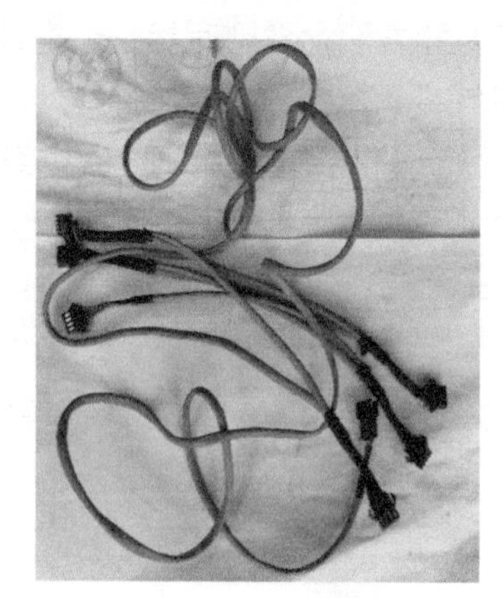

图 4-25　总线

⑧ 烟雾探测器安装位置如图 4-26 所示。

图 4-26　烟雾探测器安装位置

⑨ 接触式水浸探测器安装位置如图 4-27 所示。

⑩ 无线通信模块的天线安装位置如图 4-28 所示。

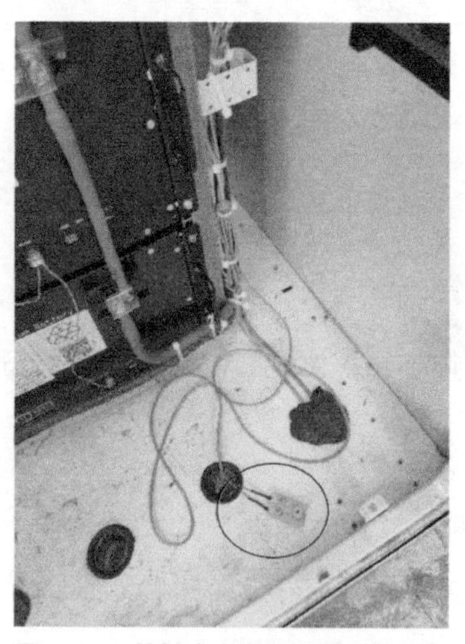

图 4-27　接触式水浸探测器安装位置

图 4-28　无线通信模块的天线安装位置

Chapter 5

第 5 章

无线主设备安装

无线主设备安装工作主要包括室外设备安装、室内设备安装和 GPS/BDS 天线系统安装等。

本章主要以华为 AAU5639 和华为 BBU5900 为例详细介绍无线主设备室外及室内安装过程。华为 5G 设备由直流电源分配单元（DCDU）、室内基带处理单元（BBU）、有源天线单元（AAU）和 GPS/BDS 天线系统组成。华为 5G 系统组成示意如图 5-1 所示。

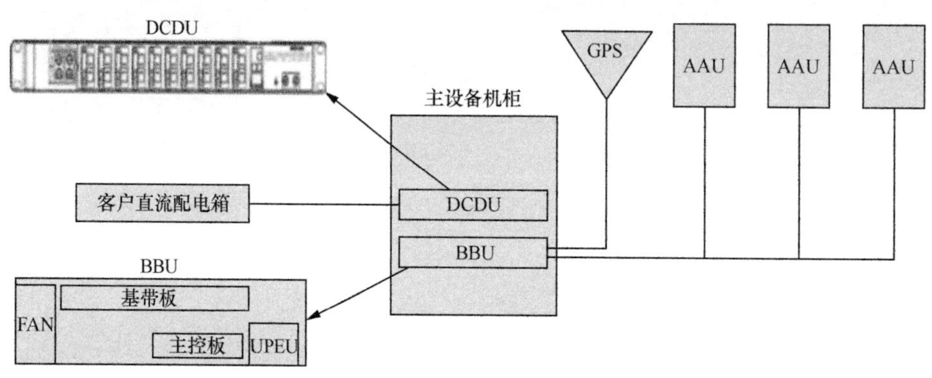

图 5-1　华为 5G 系统组成示意

5.1 登塔前准备工作

室外设备安装流程包括登塔前准备工作、室外设备安装、GPS/BDS 天线系统安装、天线方位角及俯仰角调整与固定、光电缆吊装、光电缆成端和光电缆固定等步骤。室外设备安装流程如图 5-2 所示。

1. 材料清点及危险源识别

当由施工方负责运送主设备及相关材料时，施工班组应当根据设计图纸所列清单，领取所需的设备及安装辅材并仔细检查，确保设备完好无损，型号正确，备件齐全，光电缆长度及截面积符合设计要求，避免因错领、误领材料而影响施工进度。

如果设备已由物流公司先期运至施工现场，那么施工班组抵达现场后应根据设计文件核对设备及安装辅材的数量并检查设备外观有无损伤，若发现问题应拍照留存并立刻反馈给监理单位和甲方。

施工班组还需要进行安装环境检查、危险源识别、安全技术交底等工作，为安全施工做好充足的准备工作。

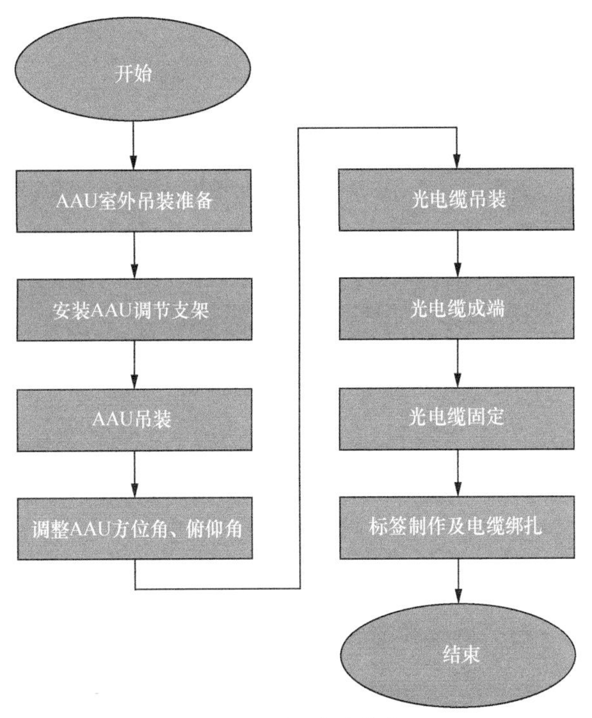

图 5-2 室外设备安装流程

2. 设备安装前的准备工作

AAU 安装前需要先安装光模块和 AAU 接地电缆。

（1）光模块及 AAU 接地电缆的安装步骤

① 光模块是精密电子器件，安装过程中施工人员应注意静电防护，应戴防静电手环或防静电手套。防静电手环和防静电手套如图 5-3 所示。

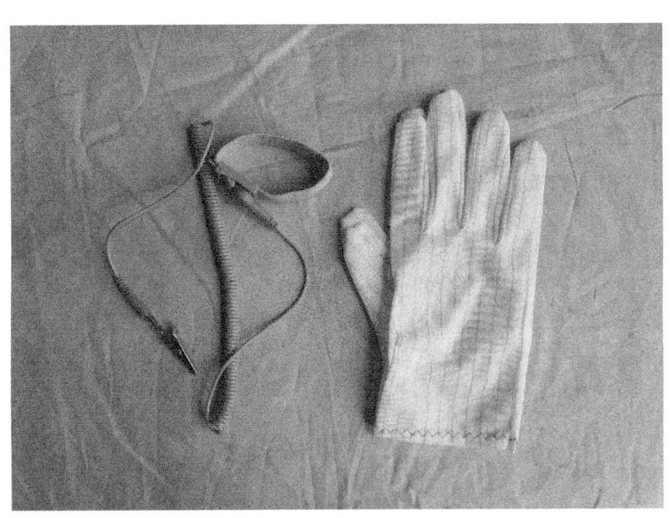

图 5-3 防静电手环和防静电手套

② 安装光模块前，施工人员需要检查光模块铭牌上的技术参数是否与设计文件相

符。光模块的主要技术参数包括传输速率、中心波长、工作距离和传输模式（单模光缆模块、双模光缆模块）等。光模块技术参数如图 5-4 所示。

图 5-4 光模块技术参数

③ 施工人员将光模块插入插槽内，安装过程应用力均匀，光模块顶部缺口向下。光模块安装如图 5-5 所示。

④ 施工人员抵住防尘帽并将光模块轻推到底，听到轻微“咔哒”声，表明光模块安装到位。光模块安装到位如图 5-6 所示。

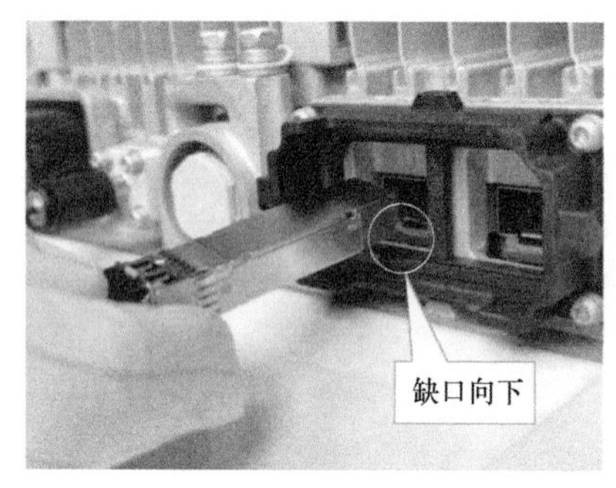

图 5-5 光模块安装

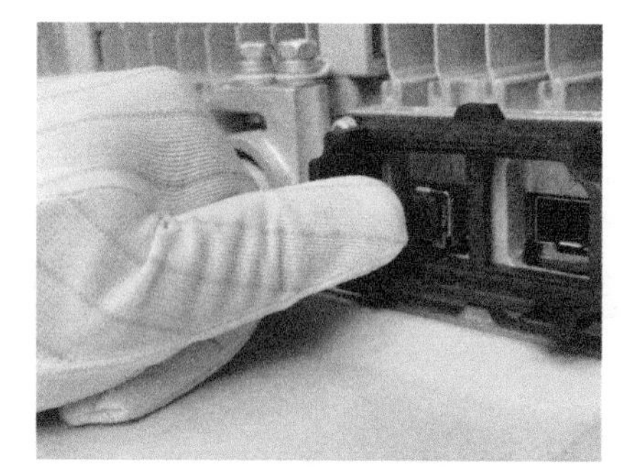

图 5-6 光模块安装到位

⑤ 如果需要拆除光模块，则需要把光模块拉杆打开，轻拉拉杆，即可将光模块取出。光模块拆除如图 5-7 所示。

⑥ 施工人员将成端完成的接地电缆连接到 AAU 接地端子上，并拧紧螺丝。AAU 接地电缆安装如图 5-8 所示。

图 5-7 光模块拆除

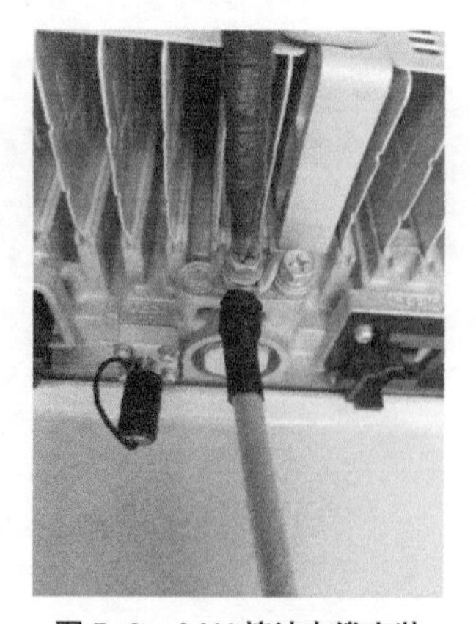

图 5-8 AAU 接地电缆安装

（2）安装光模块及 AAU 接地电缆的技术要求

① 光模块安装前应确保端口清洁。

② 光纤没有插入光模块前，防尘帽不得缺失。

③ 光纤拔出光模块后，应立刻恢复防尘帽。

④ 接地电缆应采用黄绿双色电缆，成端处应使用黄绿双色或黑色热缩套管封口。

⑤ 接地电缆的长度应符合规范，不应出现打圈、U 型弯、盘预留等现象，应就近与塔体连接。

（3）AAU 调节支架、上下扣件的安装步骤

① AAU 调节支架、上扣件、下扣件出厂时已经组合完成，安装前应检查调节支架、上下扣件的所有部件、螺丝是否完整，如果扣件上缺少并帽应补齐。调节支架及扣件如图 5-9 所示。

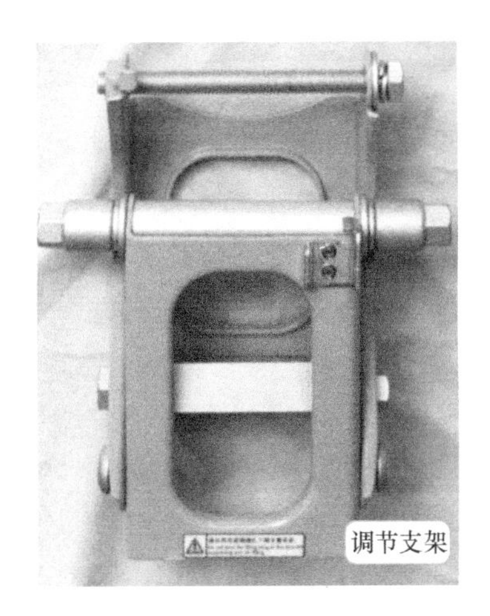

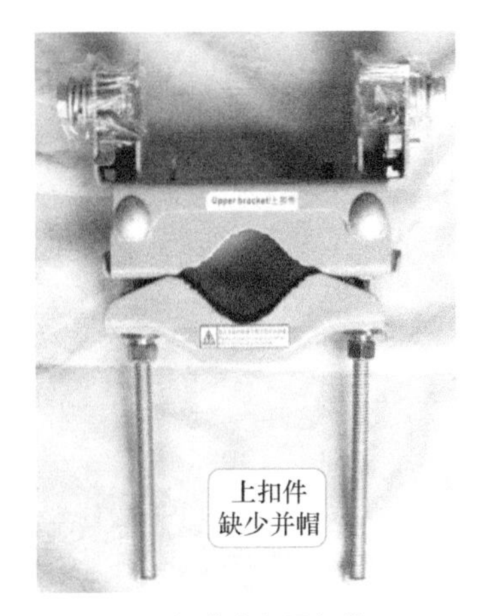

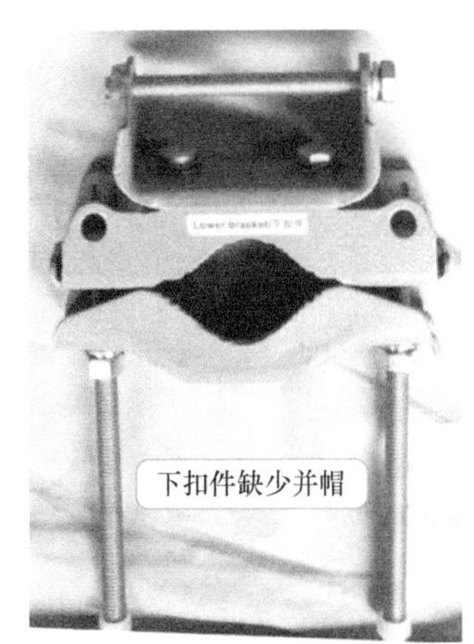

图 5-9 调节支架及扣件

② 将上调节支架与 AAU 相连接，拧紧螺栓，注意安装完成后上调节支架呈 0°（水平）状态。上调节支架安装如图 5-10 所示。

③ 将下扣件与 AAU 相连接，拧紧螺栓，注意安装完成后下扣件呈垂直状态。下扣件安装如图 5-11 所示。

图 5-10 上调节支架安装

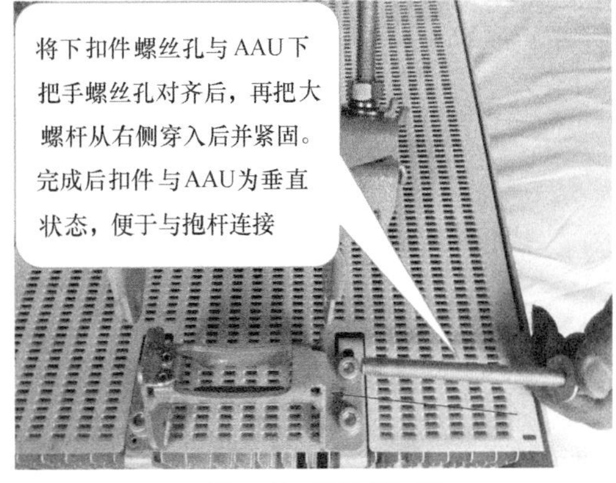

图 5-11 下扣件安装

（4）AAU 调节支架、上下扣件的安装技术要求

① 上、下扣件不得颠倒安装（注意“UP”“DOWN”字样）。

② 螺母必须拧紧。

③ 上调节支架安装后应调节至 0°，方便吊装。

3. 施工人员的安全准备工作

① 塔上作业需要两人配合，登塔前应明确负责人，并按规定穿戴好各自的劳动防护用品：“双背双扣”式安全带、软底绝缘劳保鞋和配备近电报警器的安全帽。

② 穿戴完成后，两人应相互检查，确保穿戴正确，打开近电报警器。劳动防护用品穿戴相互检查如图 5-12 所示。

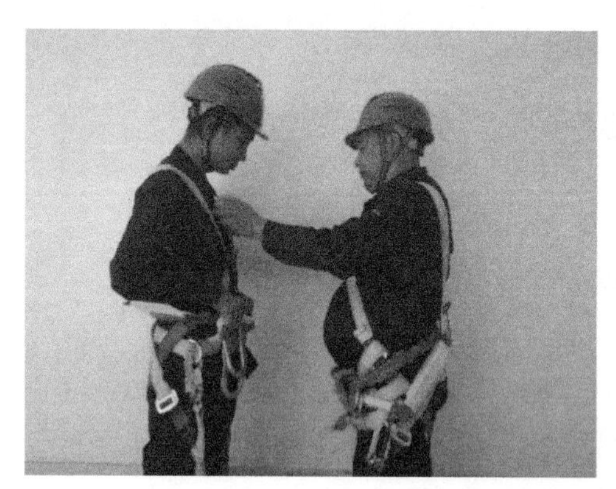

图 5-12　劳动防护用品穿戴相互检查

③ 当塔型是外爬式景观塔时，施工人员还需要使用防坠自锁器。防坠自锁器如图 5-13 所示。

④ 同时要注意两人登塔间距应大于 5m。登塔携带的工具重量不得超过 5kg 并装入工具包，工具包应完好无损。两人登塔示例如图 5-14 所示。

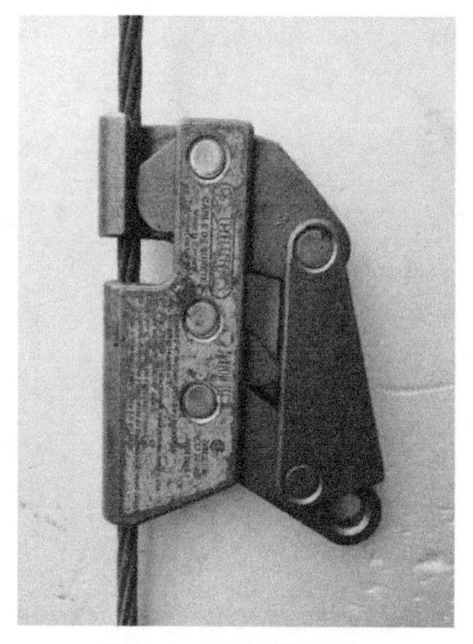

图 5-13　防坠自锁器

图 5-14　两人登塔示例

⑤ 攀爬有护栏的铁塔时，施工人员应在护栏里，大绳在护栏外，经过不断传递把吊装绳送至工作平台。有护栏铁塔吊装绳传递如图 5-15 所示。

⑥ 如果攀爬无护栏铁塔，那么施工人员可将吊装绳背在肩上带至工作平台。无护栏铁塔吊装绳传递如图 5-16 所示。

图 5-15　有护栏铁塔吊装绳传递

图 5-16　无护栏铁塔吊装绳传递

5.2 室外设备安装

1. AAU 的吊装方法

AAU 可以使用单片葫芦（定滑轮）吊装，也可以使用新型 T 型吊装装置吊装。

（1）传统吊装方法

传统吊装方法是将单片葫芦（定滑轮）与工作平台的上层平台或避雷针牢固连接进行吊装作业。定滑轮吊装如图 5-17 所示，塔上 1 人作业，塔下 3 人拉绳提起 AAU，1 人控制尾绳，防止 AAU 碰撞塔体。

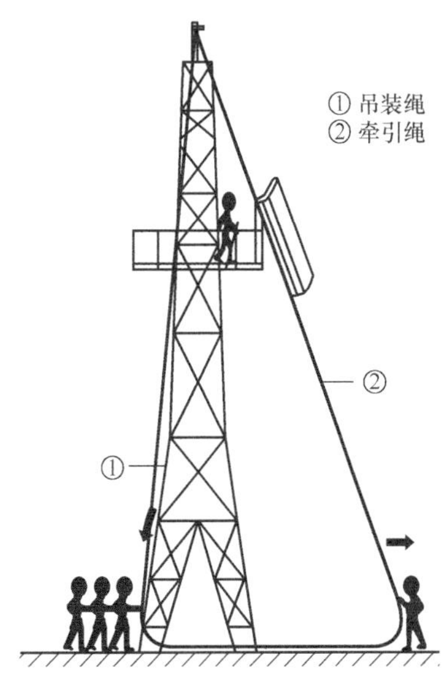

图 5-17　定滑轮吊装

（2）新型 T 型吊装装置吊装方法

该装置由新型 T 型吊装装置和 AAU 吊装网套组成。使用时，施工人员把新型 T 型吊装工具插入天线抱杆，在塔基处设置一个定滑轮，将 AAU 放入吊装网套，通过塔下的定向滑轮使吊装绳呈“L”形，通过人力或卷扬机把 AAU 提升至安装位置。使用新型 T 型吊装方法，可以减少人力消耗和降低塔下施工人员的安全风险。新型 T 型吊装如图 5-18 所示。

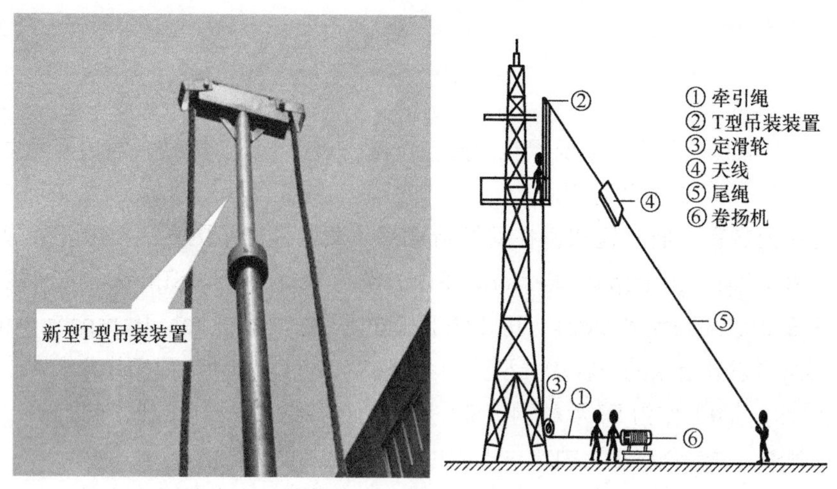

图5-18 新型T型吊装

2. AAU的安装步骤

AAU安装共分6个步骤。

① 将上调节支架的扣件安装至抱杆上的合适位置。上调节支架扣件安装如图5-19所示。

图5-19 上调节支架扣件安装

② 将吊装绳与上调节支架和下扣件牢固捆绑。捆绑AAU天线如图5-20所示。

③ 当AAU离开地面时，施工人员应该再次检查捆绑情况，确保AAU捆绑牢固。施工人员徐徐拉动牵引绳，AAU缓缓上升。AAU上升过程中施工人员应注意通过尾绳控制AAU，防止AAU与塔体发生碰撞，直至AAU上升到安装平台位置。AAU天线吊装如图5-21所示。

④ 将AAU上调节支架挂至扣件上，并将上调节支架末端两侧的固定口扣入抱箍内，用螺栓拧紧。AAU上调节支架固定如图5-22所示。

⑤ 将AAU下扣件与抱杆连接，用双螺帽紧固。下扣件与抱杆连接固定如图5-23所示。

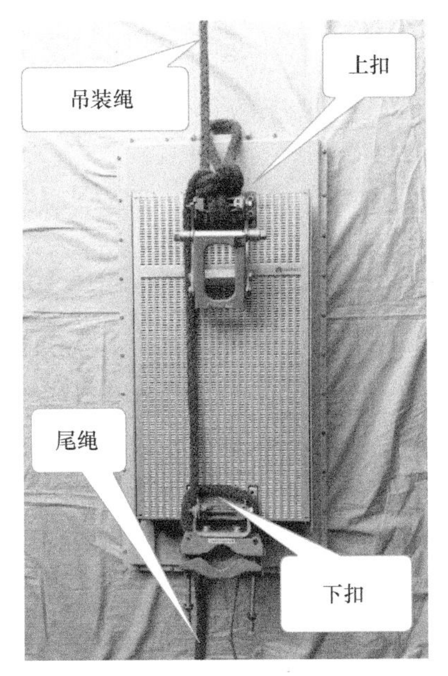

图 5-20 捆绑 AAU 天线

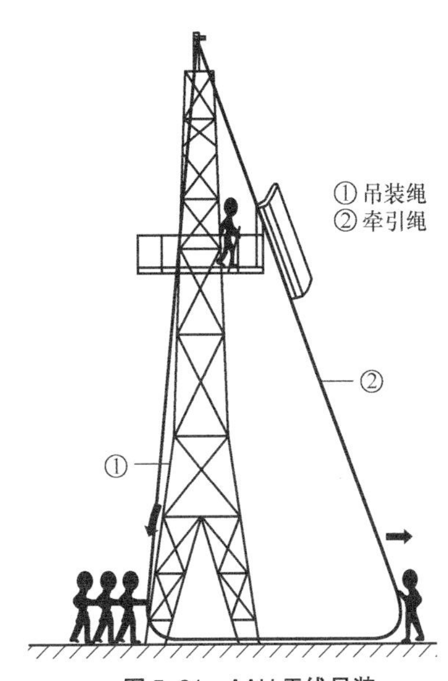

图 5-21 AAU 天线吊装

图 5-22 AAU 上调节支架固定

⑥ 拧紧所有螺丝后解除绳索。

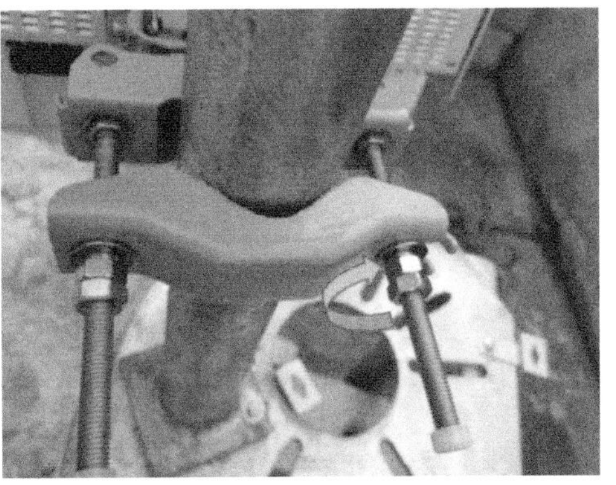

图 5-23 下扣件与抱杆连接固定

3. AAU 吊装的技术要求

① 起吊时要抬起 AAU 尾部，防止其与地面摩擦。

② AAU 起吊至距地 20cm 时，要再次检查捆绑是否牢固。

③ 起吊过程中需要有一人控制尾绳，防止 AAU 与塔体发生碰撞。

④ 上扣件安装时应保证 AAU 顶部与抱杆顶部的距离有 10cm，以满足 AAU 处于防雷防护 45° 范围内。设备安装在防雷角度内示意如图 5-24 所示。

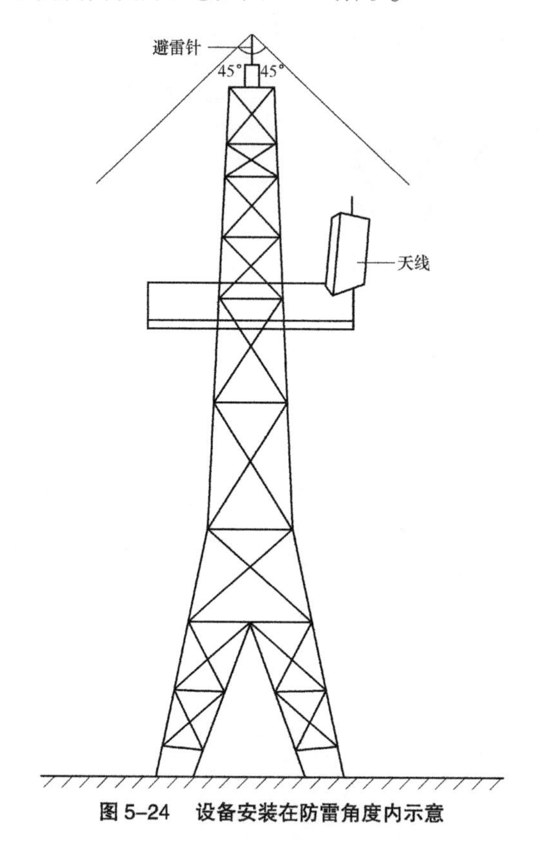

图 5-24 设备安装在防雷角度内示意

4. AAU 吊装的安全要求

① 施工人员的劳动防护用品应穿戴整齐，符合规范要求，安全帽的近电报警器处于开启状态。

② 应根据塔型和塔高设置围栏，设专人看护指挥，防止无关人员闯入。

③ 吊装绳捆绑 AAU 应牢固可靠。

④ 塔上人员的施工工具在使用结束后应及时放入工具包，防止工具坠落。

⑤ 以塔高的 20% 为半径设置施工禁区，严禁无关人员进入。

⑥ 没有塔上人员通知，严禁放松吊装绳。

5. AAU 方位角、俯仰角的调整及仪表使用

为了确保无线信号的覆盖效果，通常需要对 AAU 方位角、俯仰角进行调整，调整方位

角和俯仰角需要用到罗盘和坡度仪。

（1）地质罗盘的结构

地质罗盘又称“袖珍经纬仪”，是野外地质工作中不可缺少的工具。罗盘主要包括磁针、水平仪和倾斜仪。罗盘结构上可分为底盘、外壳和上盖，主要仪器均固定在底盘上，三者用合页联结成整体。罗盘可用于识别方向、确定位置、测量地质体产状（物体在空间产出的状态和方位）及草测地形图等。

（2）认识地质罗盘部件

罗盘如图 5-25 所示。

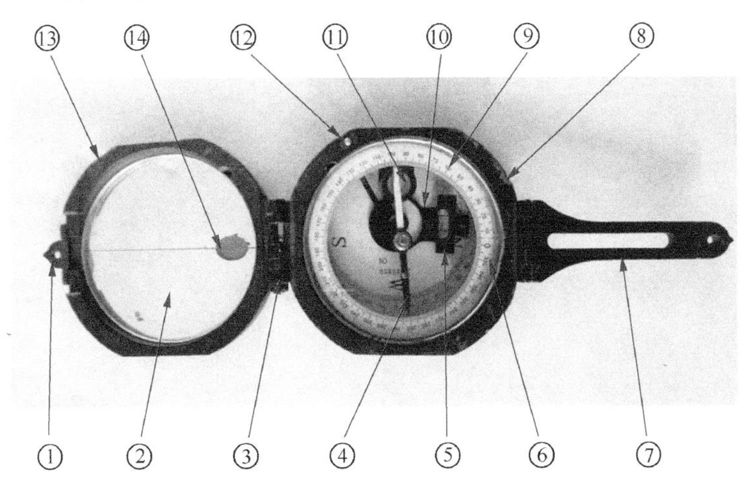

① 小瞄准器。② 反光镜。③ 连接合页。④ 磁针（N 为北，S 为南）。⑤ 长水准仪。⑥ 刻度盘。⑦ 长瞄准器。⑧ 下壳体。⑨ 方向盘。⑩ 测量坡角指示盘。⑪ 圆水准仪。⑫ 磁针制动开关。⑬ 上盖。⑭ 中位线。

图 5-25　罗盘

（3）罗盘的使用方法

打开罗盘盖，把罗盘放到胸前，罗盘的长水准仪对准被测物体，转动反光镜，使物体与长瞄准器都映入反光镜，并使物体、长瞄准器上的短瞄准器尖及反光镜中位线在同一直线上，保持罗盘的水平（圆水准仪的气泡居中），当磁针停止摆动时读出磁针所指圆刻度盘的读数或按下制动开关再读出数据。注意罗盘使用前必须进行磁偏角校正。磁偏角校正口如图 5-26 所示。

图 5-26　磁偏角校正口

6. 天线方位角的调整步骤

① 调整AAU方位角需要塔上和塔下人员配合，塔下人员用罗盘测量AAU辐射面方位角，指挥塔上人员轻轻左右转动AAU。测量方位角如图5-27所示。

图5-27 测量方位角

② 塔上人员把上下AAU扣件的螺丝稍微拧松，注意稍微拧松能转动AAU即可，防止AAU滑落。调整方位角需要松动的螺丝如图5-28所示。

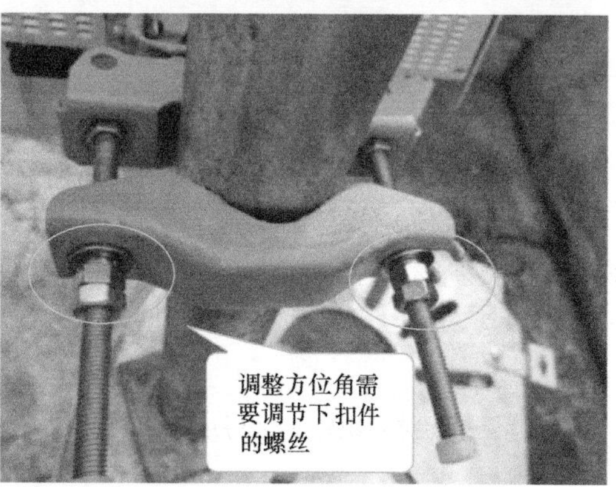

图5-28 调整方位角需要松动的螺丝（左图为上扣件，右图为下扣件）

③ 按照塔下人员示意，塔上人员轻轻转动AAU至设计方位角，拧紧上、下AAU扣件螺丝。转动AAU天线如图5-29所示。

图5-29 转动AAU天线

7. 天线俯仰角的调整步骤

① 先稍微拧松下扣件和 AAU 连接的螺丝。下扣件螺丝如图 5-30 所示。

② 稍微拧松上调节支架俯仰角的固定螺丝。上调节支架螺丝如图 5-31 所示。

图 5-30 下扣件螺丝

图 5-31 上调节支架螺丝

③ 缓缓前推或后拉 AAU 调节支架至设计要求的俯仰角。推动 AAU 天线顶部如图 5-32 所示。

④ 用坡度仪测量 AAU 俯仰角，拧紧松动的螺丝。测量俯仰角如图 5-33 所示。

图 5-32 推动 AAU 天线顶部

图 5-33 测量俯仰角

8. 测量天线方位角、俯仰角的技术要求

① 测量方位角时，罗盘距 AAU 应远、中、近 3 次测量，取中间值。

② AAU 方位角误差应在 -5° ～5° 。

③ 测量 AAU 俯仰角时，坡度仪应贴紧 AAU 背部，上、中、下 3 次测量，取中间值。

④ AAU 俯仰角误差应在 -1° ～1° 。

⑤ 抱杆扣件的螺母应使用并帽。

9. 光缆、电缆的吊装步骤

① 吊装前，电缆应做好标识并展开，光缆盘也应做好标识。

② 用扎带或胶带把光电缆和吊装绳固定好。光电缆固定示意如图 5-34 所示。

③ 塔下人员平缓拉动吊装绳，将光电缆牵引至塔上作业平台。光电缆吊装示意如图 5-35 所示。

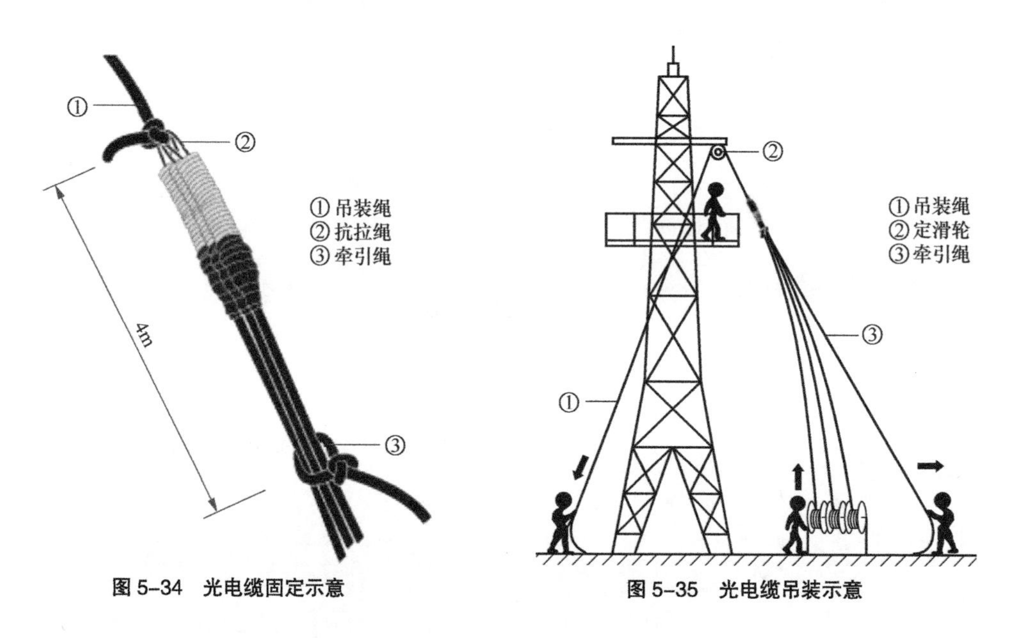

图 5-34　光电缆固定示意　　图 5-35　光电缆吊装示意

10. 光电缆的吊装技术要求

① 吊装绳与光电缆应绑扎牢固。

② 吊装过程拉绳要平稳缓慢，做好光电缆防护，以免损坏光电缆。

③ 光电缆在铁塔上要留有足够的余量并与铁塔可靠固定。

④ 注意保护光纤端面，吊装过程中不得遗失光纤防尘帽。

11. 光缆成端处外壳组装步骤

组装光缆外壳需要 5 个步骤。具体步骤如图 5-36 至图 5-40 所示。

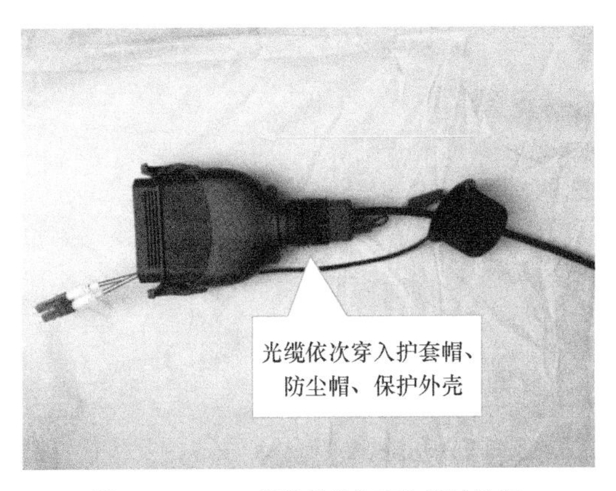

图 5-36　AAU 端连接前先穿入保护外壳

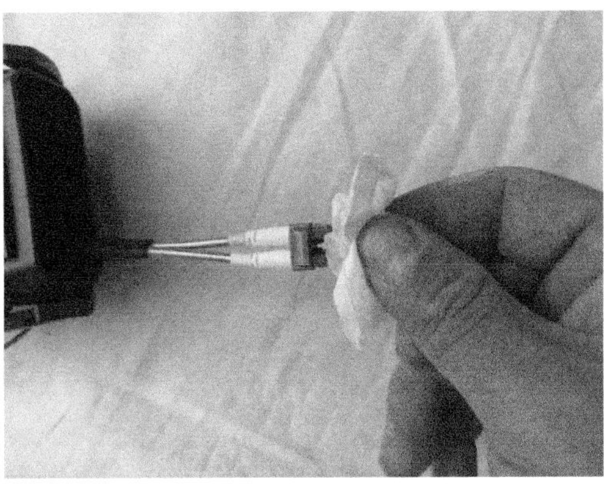

图 5-37　用酒精棉清洁光纤端口

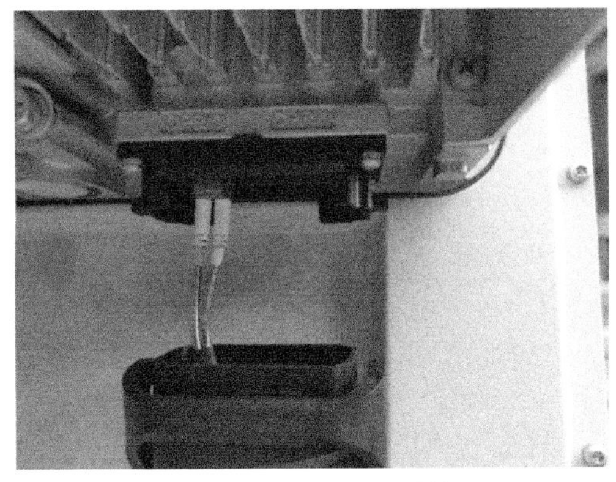

图 5-38　将光纤插入光模块

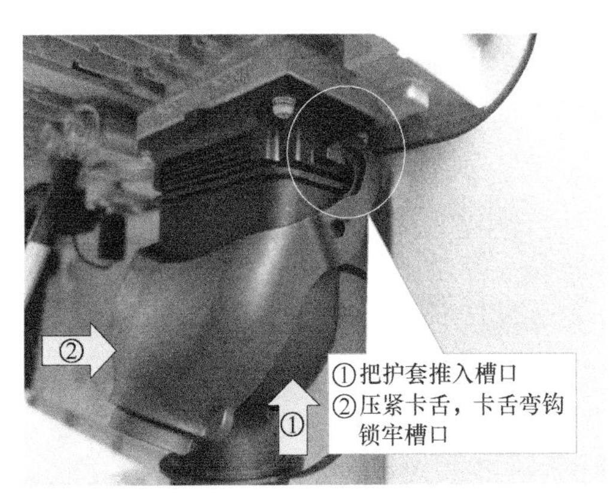

图 5-39　保护外壳插入底座

图 5-40　拧紧保护外壳帽

12. 电缆成端的步骤

电缆成端共分 6 个步骤完成，具体步骤如图 5-41 至图 5-46 所示。

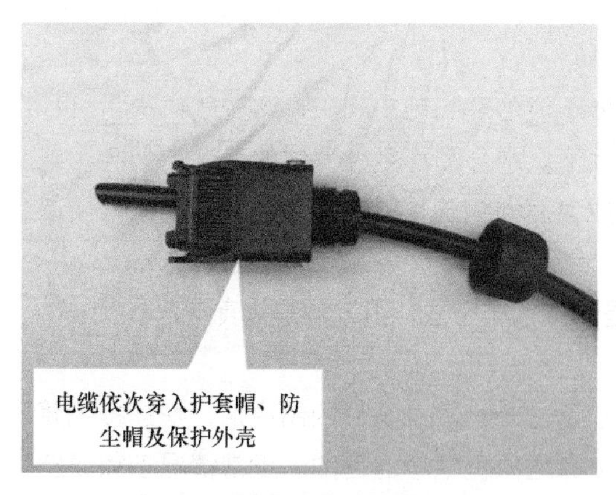

图 5-41 将电源线穿入电源保护外壳

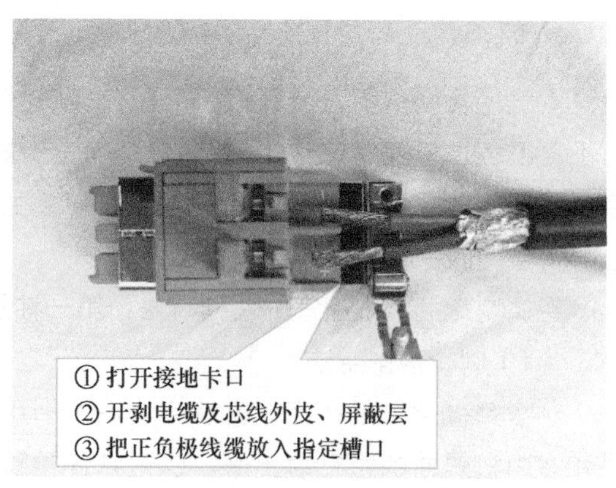

图 5-42 开剥电缆做成端准备

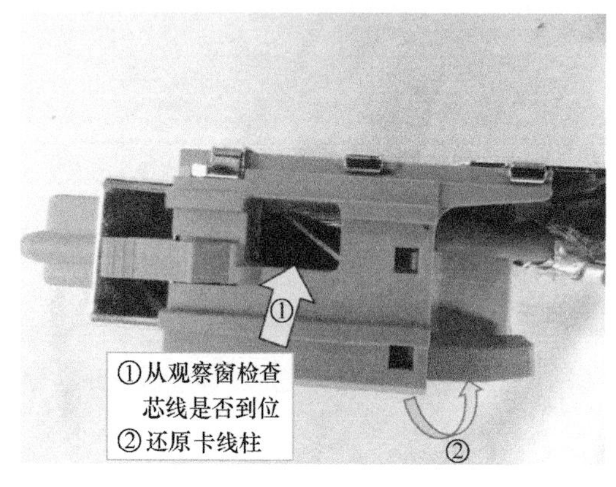

图 5-43 观察接线窗

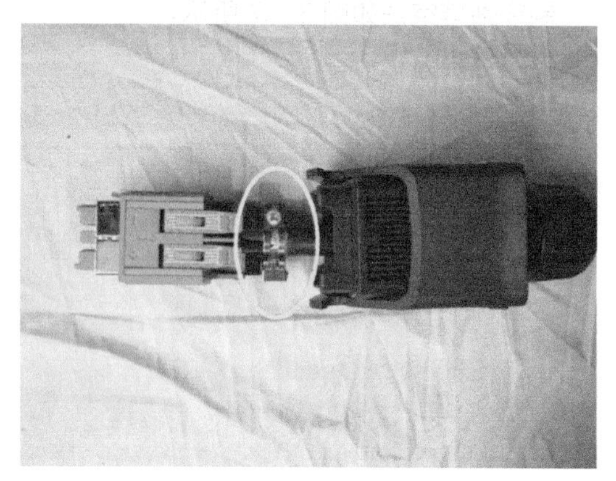

图 5-44 接地卡还原

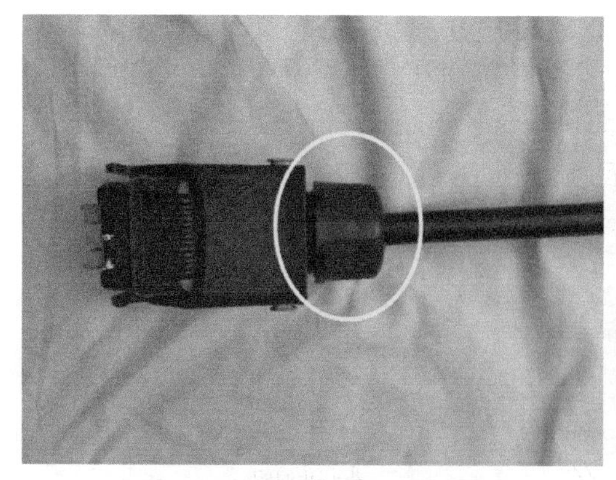

图 5-45 把接线头放入保护外壳

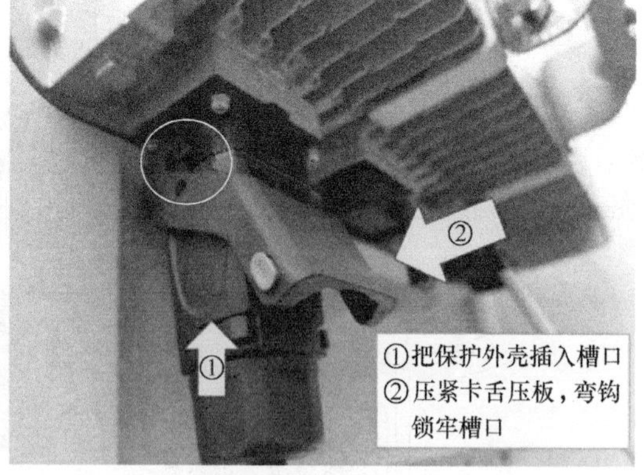

图 5-46 打开卡舌、插入插口、还原卡舌

13. 光电缆成端的技术要求

① 电缆开剥不能伤及芯线。

② 屏蔽层长度适中，接地卡口两端不见屏蔽层（电源线第一点接地）。

③ 芯线开剥长度适中，接线槽口不露铜。

④ AAU 接地电缆应就近与塔体连接。

⑤ 光电缆成端外壳应确保压扣到位、无松动。

14. 光电缆固定的步骤

① 先安装黄绿接地线，然后安装其他电缆。

② 从 AAU 开始由上至下依次固定。

15. 光电缆固定的技术要求

① 室外应使用黑色防紫外线扎带固定电缆，剪扎带时应留有 2 ～3 齿余量，断口垂直无斜边，扎带朝向一致。

② AAU电源线、光缆连接正确，电源线屏蔽层与接地卡扣连接可靠。

③ 光电缆需要在铁塔平台上固定牢固。

④ 电缆水平垂直走线规范，入馈窗前做好防水弯。

⑤ AAU电缆防水护套或维护面板安装紧固密封。

⑥ AAU各类电缆成端接头起 10 ～15cm 严禁起弯。

⑦ 光电缆的弯曲半径应符合规范要求。

⑧ 各扇区光电缆应沿铁塔平台外圈固定。铁塔平台电缆走向如图 5-47 所示。

⑨ 光电缆在平台与垂直转弯处不应受力。

⑩ 内爬式或角钢塔垂直方向应在每间隔 1m 处安装三联卡固定光电缆。

⑪ 外爬式单管塔应在塔体进线孔处固定，塔体内不需要考虑固定。

⑫ 定长光缆盘绕在进馈线窗前的塔桥或手井孔内。定长光缆盘留如图 5-48 所示。

⑬ 电缆在铁塔上应留有适当的余量。

图 5-47　铁塔平台电缆走向

图 5-48　定长光缆盘留

16. 标签的制作粘贴要求

标签是电缆的身份标识，是高效维护检修的重要保障，规范的标签应用打印机打印，临时标签可以手写，字体应清晰容易辨认。

① 标签正面应标注电缆名称，标签背面应标注电缆的对端信息及规格。

② 标签粘贴在成端尾部 20 ～30mm 处。标签粘贴位置如图 5-49 所示。

③ 标签应面向维护侧，开头字母或数字一般朝向机房。标签朝向如图 5-50 所示。

④ 多根电缆标签粘贴在同一水平线。

⑤ 室外标签应设有防水保护措施。

图 5-49　标签粘贴位置

图 5-50　标签朝向

17. 电缆绑扎要求

① 电缆绑扎间距应在 30 ～50cm，且相邻两道电缆绑扎间距一致。绑扎带间距如图 5-51 所示。

② 绑扎带头应停留在两根电缆的并排最低位置。绑扎带末端停留位置如图 5-52 所示。

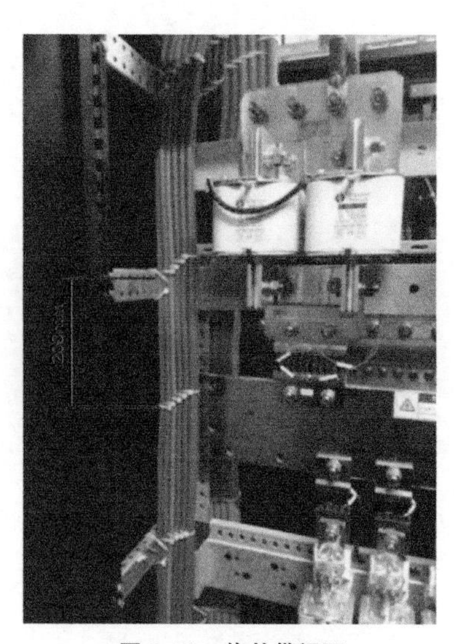

图 5-51　绑扎带间距

图 5-52　绑扎带末端停留位置

③ 绑扎带应松紧适度，朝向一致。

④ 室外绑扎带需保留 2 ～3 丝可裁剪，室内绑扎带应齐根裁剪。

5.3 室内部分安装

5G 设备集成化程度高、体积小，室内部分安装较为简单，需要安装的工作包括主设备安装、线缆布放及电缆成端等。

1. 室内部分安装

室内部分安装大致分为设备安装和电缆安装。其中，设备安装包括在机柜内安装 BBU、升压配电盒（Embedded Power Unit，EPU）等设备，电缆安装是对已安装完成设备的配套电缆进行布放、绑扎、成端工作。室内部分安装流程如图 5-53 所示。

图 5-53 室内部分安装流程

2.EPU 及 BBU 面板及接口分布

① BBU 作为室内基带处理单元，是 5G 网络的重要组成设备，主要包括 AAU 光纤接口板、GPS 端口、传输光纤接口、BBU 电源接口。BBU 面板如图 5-54 所示。

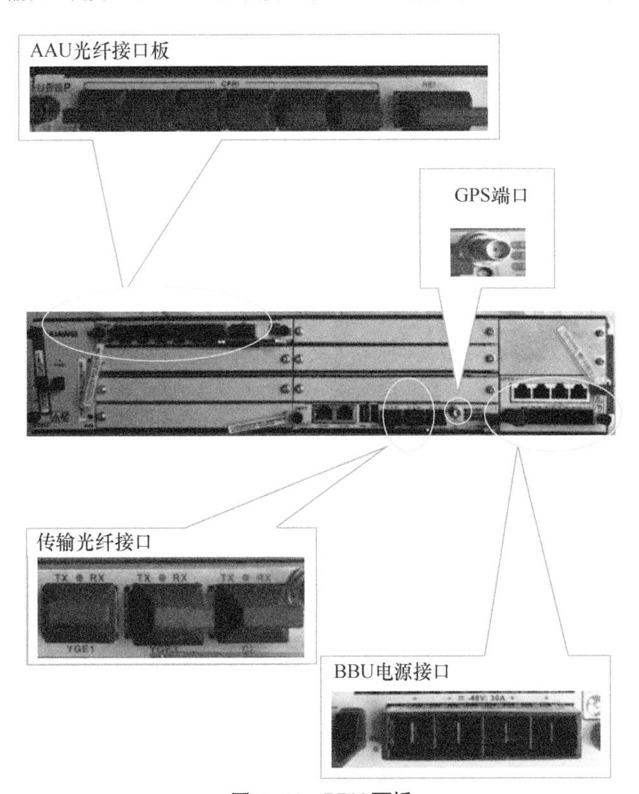

图 5-54 BBU 面板

② EPU 主要是为不同设备提供电源分配功能，主要包括开关电源引入接口、AAU 电源接口、BBU 电源接口。EPU 电路板插口如图 5-55 所示。

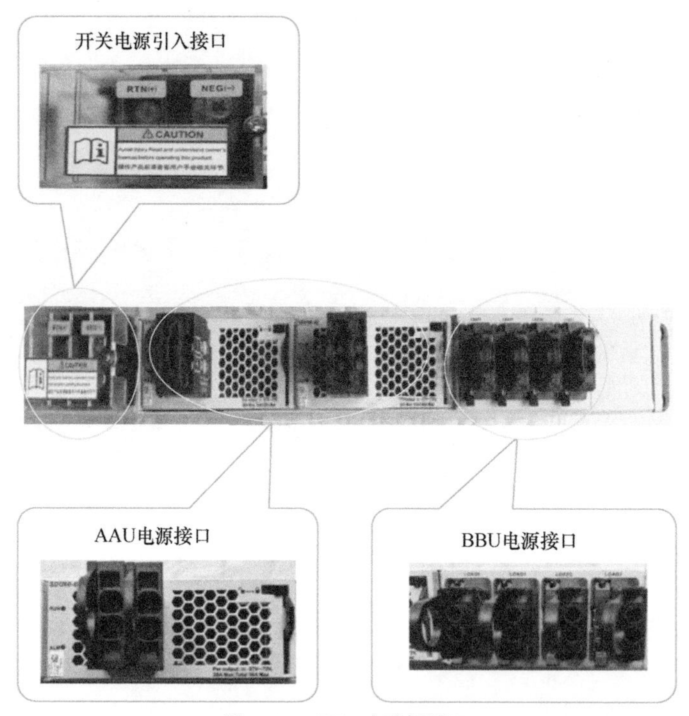

图 5-55　EPU 电路板插口

3. EPU 及 BBU 设备的安装步骤

EPU 及 BBU 设备都属于机架内设备，安装方法相似，可大致分为 4 个步骤。具体安装步骤如图 5-56 至图 5-59 所示。

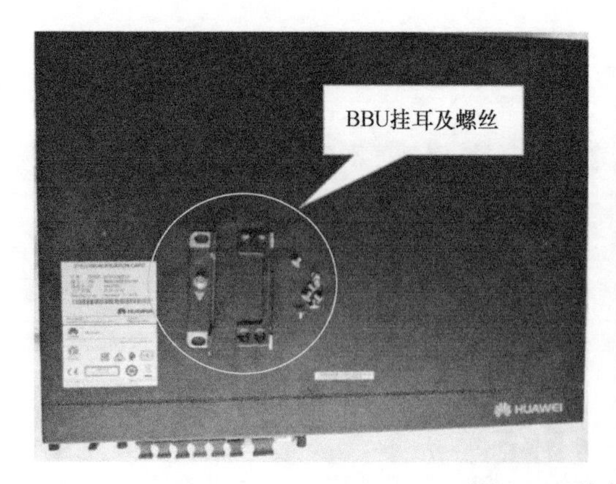

图 5-56　清点主设备配件

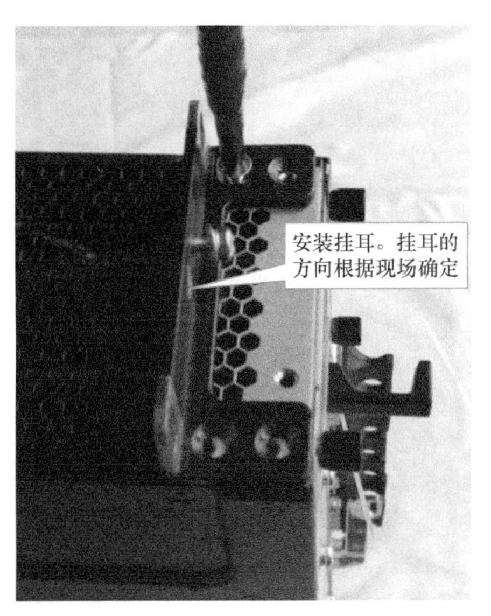

图 5-57　安装设备两侧挂耳

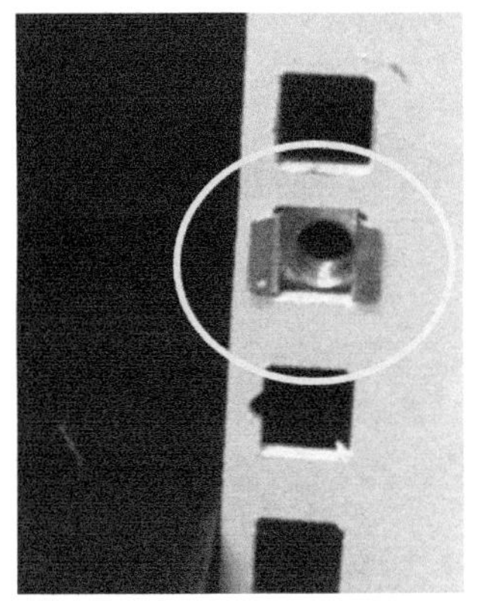

图 5-58　机柜内浮动螺母安装

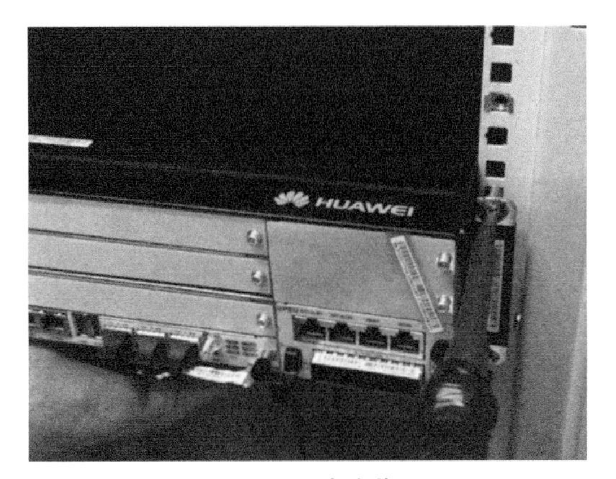

图 5-59　设备安装

4. EPU 及 BBU 设备的安装技术要求

① 机柜内设备的安装位置遵从设计文件要求。

② 设备上下应留有适当余量，以便设备散热及维护。

③ 机柜内部操作前应佩戴防静电手环，手环金属片应紧贴皮肤。

④ BBU 的 4 颗固定螺丝紧固平整、扭矩到位，垫片正确使用。

⑤ 设备安装完成后，及时布放安装黄绿接地线。

⑥ 如果调整板卡位置，在板卡拔插安装紧固过程中，应手持单板拉手及面板，严禁触碰板卡上的电子元器件。

⑦ 对单板固定螺丝进行紧固，对假面板进行复位，保证设备前面板全封闭。

⑧ 安装设备时，应两人协同施工，一人托稳设备，另一人进行加固，保证设备安全。

5. AAU 及 BBU 设备电缆成端步骤

AAU 电源线由塔上布放进入基站前，应在馈线窗或墙孔前预留滴水弯，进入机房后应用三联卡对电缆进行固定，电缆成端共分 5 个步骤。具体步骤如图 5-60 至图 5-64 所示。

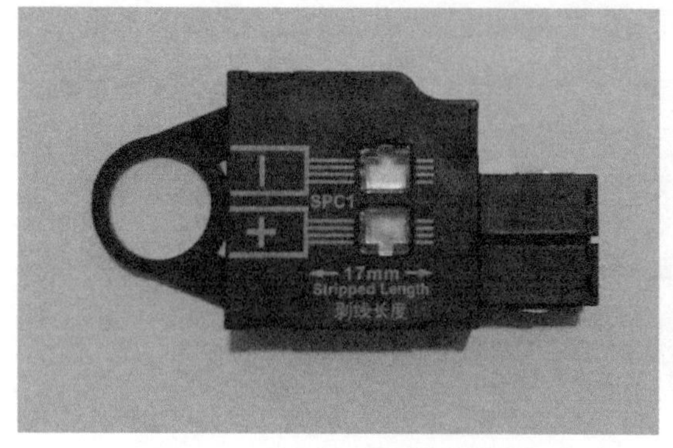

图 5-60　检查电缆插接模块的外观

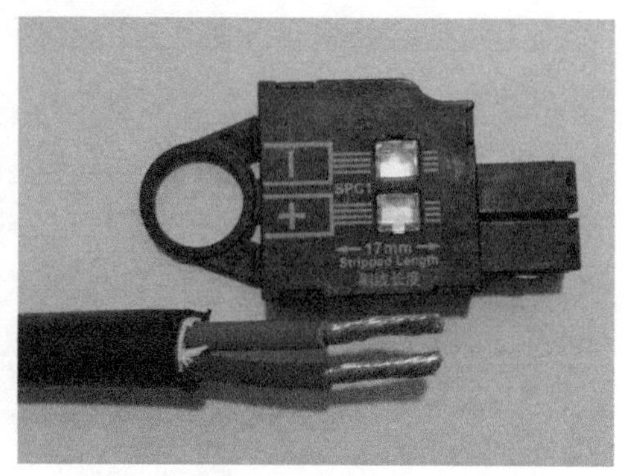

图 5-61　依模块示例要求开剥电缆及芯线

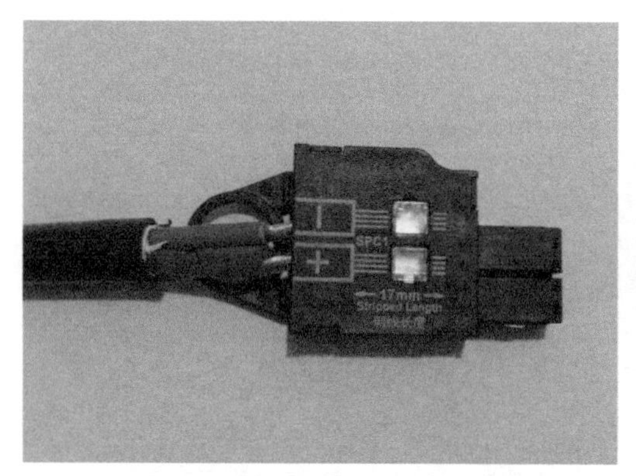

图 5-62　开剥完成的电缆插入对应的接线柱

图 5-63　观察接线窗确认芯线质量

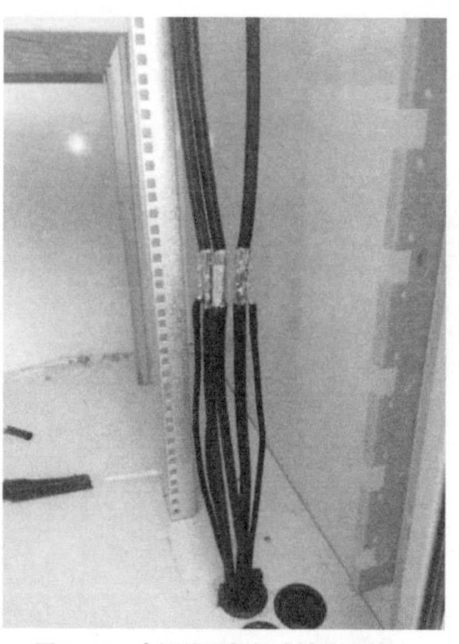

图 5-64　电源线进机柜或馈线窗接地

6. BBU 电源线在 EPU 侧的成端步骤

BBU 电源线在 EPU 侧的成端可分为 5 个步骤，具体步骤如图 5-65 至图 5-69 所示。

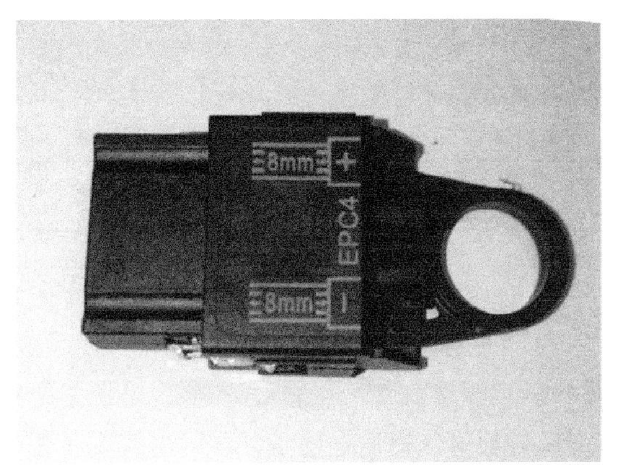

图 5-65　检查电缆插接模块是否损坏

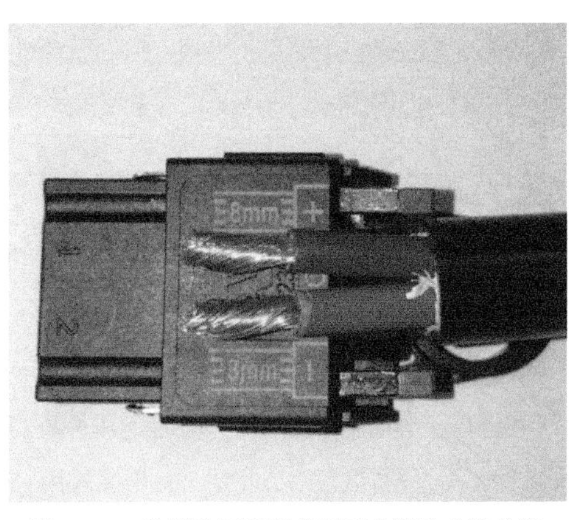

图 5-66　依模块示例要求开剥电缆外皮及芯线

图 5-67　推出接线柱锁扣

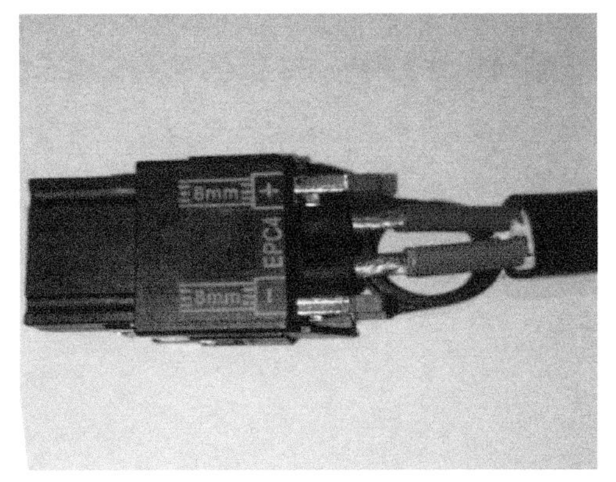

图 5-68　电缆插入接线孔

图 5-69　锁扣还原

7. EPU 及 BBU 设备电缆成端的技术要求

① 开关电源在本次施工中需要使用的熔丝或空气开关容量应符合设计要求。

② 连接电源线前确认开关处于断开状态。

③ 红蓝电源线正负极对应正确。

④ 设备取电接口及通用公共无线接口（Common Public Radio Interface，CPRI）与设计要求一致，且连接可靠。

⑤ 电缆成端完成后开剥处不应露铜。

⑥ 电缆无损伤，无接头，插接模块尾部出线需要拐弯时无受压应力点。

5.4 GPS/BDS 系统安装

1. GPS/BDS 系统介绍

GPS/BDS 系统都是用于基站定位的方法及系统。在接收到信号后，GPS/BDS 系统为所在基站进行时间同步，以此确保移动端用户在切换基站时保持信号同步，同时也实现了基站物理位置数据化，兼顾民用定位及导航等功能。

GPS/BDS 系统设备安装包括 GPS/BDS 天线组装、线缆连接头制作、线缆布放及避雷器安装、线缆接地制作等。GPS/BDS 系统安装流程如图 5-70 所示。

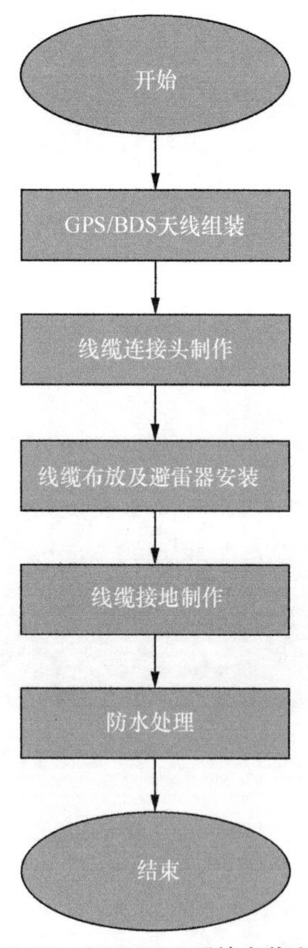

图 5-70　GPS/BDS 系统安装流程

2. GPS/BDS 设备与支架的组装

GPS/BDS 系统组件相对较少，安装较为简单。设备清点如图 5-71 所示，设备与支架连接如图 5-72 所示。

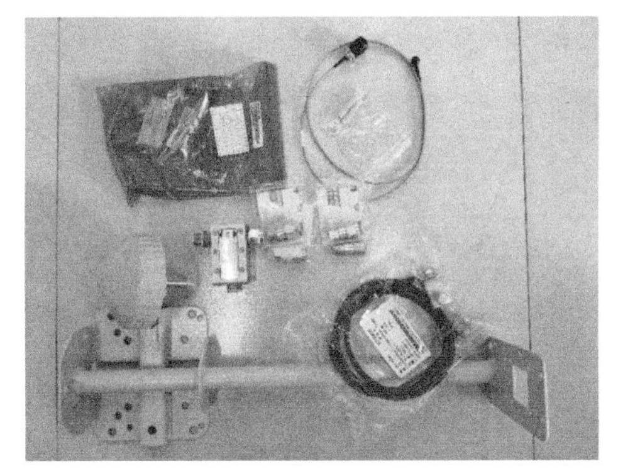

图 5-71　设备清点

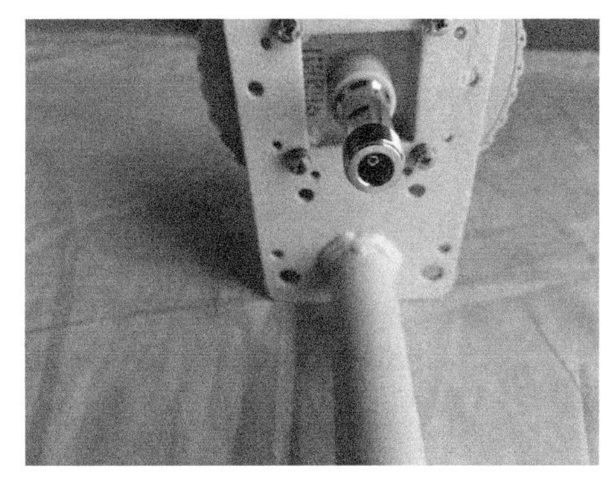

图 5-72　设备与支架连接

3. GPS/BDS 主设备安装技术要求

① 安装类型及位置应符合设计要求。

② GPS/BDS 天线应朝南且无遮挡物，垂直偏差≤ 1°。

③ 应根据实际安装场景选择适合的支架。

4. GPS/BDS 线缆成端方法

5G 设备厂商随同设备配发的 GPS/BDS 线缆通常有 1/2 馈线或同轴电缆两种，两种线缆成端的制作方法如下。

（1）1/2 馈线成端所需要的工具

1/2 馈线成端需要用到的工具包括馈线刀、扩孔器、美工刀、尖嘴钳、鱼嘴钳、扳手等。其中熟练使用馈线刀将直接影响 1/2 馈线成端的效率及质量。馈线刀功能结构如图 5-73 所示。

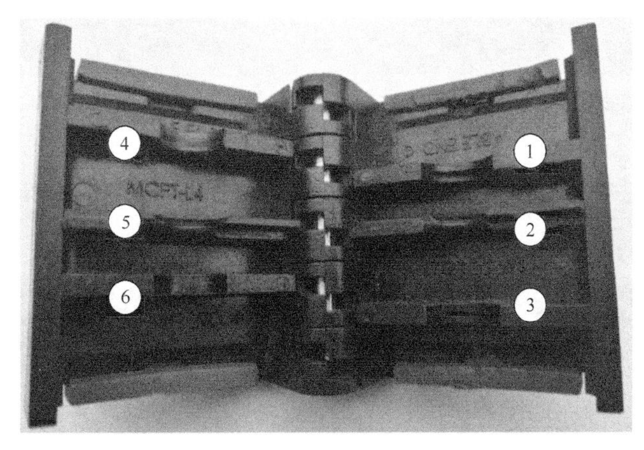

① 开剥外导体刀槽（刀槽较长，刀口较深）。② 限位槽口。③ 开剥馈线外皮刀槽（刀槽较短，刀口较浅，无刀片）。
④ 馈线压槽。⑤ 限位槽口。⑥ 馈线压槽。

图 5-73　馈线刀功能结构

（2）1/2 馈线成端步骤

1/2 馈线成端共分为 12 个步骤，具体步骤如图 5-74 到图 5-85 所示。

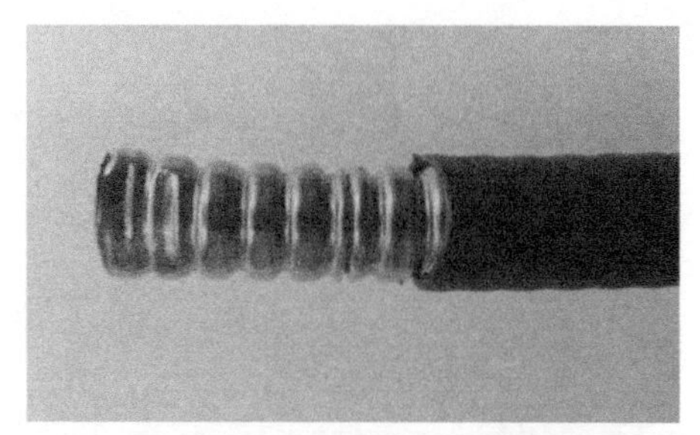

图 5-74　在馈线 5mm 处用美工刀对馈线进行开剥，去掉馈线绝缘皮

图 5-75　开剥口卡在限位 5 槽口处（如果开剥的刀口平整无毛刺可以省略此步）

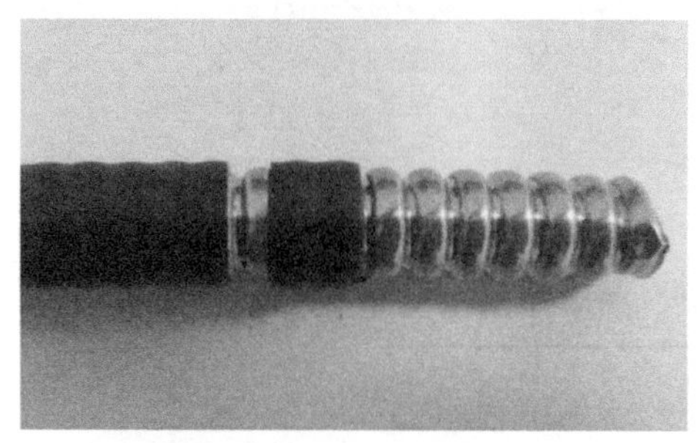

图 5-76　轻压馈线刀按箭头方向（前方也是外侧）旋转两圈后用美工刀开剥馈线绝缘皮

图 5-77　开剥处卡在限位 2 槽口

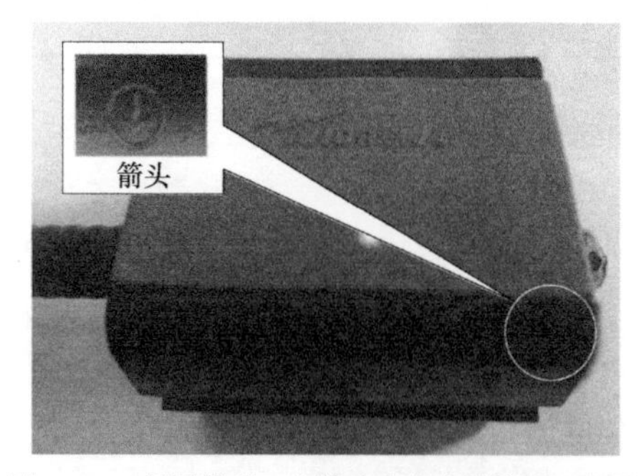

图 5-78　轻压馈线刀按箭头方向旋转馈线刀数圈

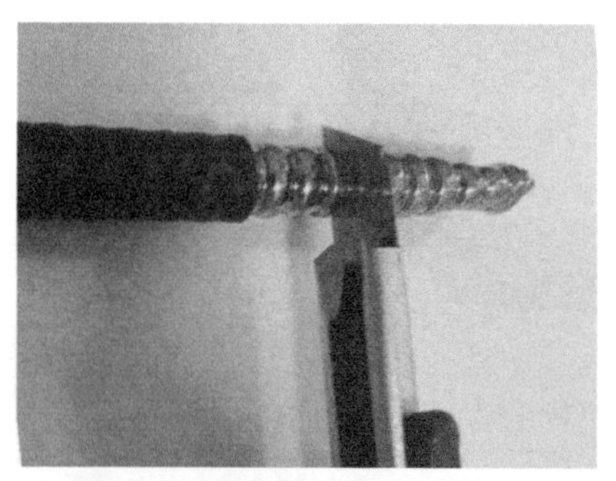

图 5-79　美工刀口在外导体刀口处轻压旋转，使绝缘层与芯线完全分离

图 5-80　用鱼嘴钳将剥离的外导体完全拔出，露出内导体

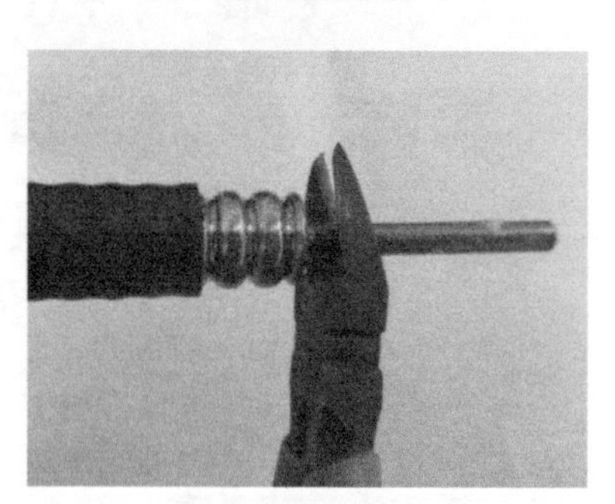

图 5-81　保留内导体 6 ～ 8mm，并把内导体剪成圆锥状并锉平毛刺

图 5-82　安装防水垫圈后将馈线头螺母套入馈线并确保紧固圈和馈线外导体处齐平

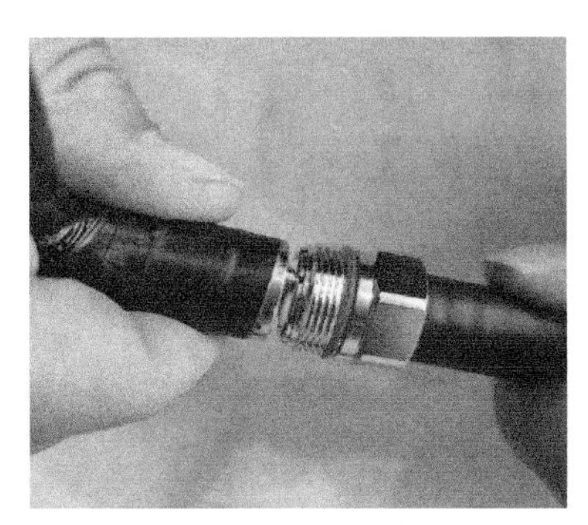

图 5-83　用扩孔器把外导体扩至喇叭状

图 5-84　用毛刷清洁馈线头裸露部分

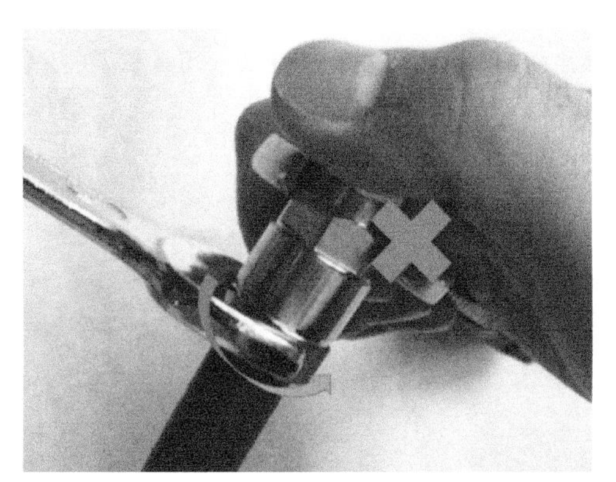

图 5-85　安装馈线头并用扳手把馈线螺母与馈线头拧紧

（3）1/2 馈线的成端技术要求

① 接头密封圈、卡环等配件应使用正确、安装到位。

② 固定接头卡环不得使用金属工具敲打。

③ 接头卡环卡扣到位后，应使用专用扩孔器进行扩孔，后用毛刷清除接头碎屑。

④ 馈线外导体切口成规则圆形，保持切口与接头卡环贴合接触。

⑤ 馈线切口处不能残留金属碎屑。

⑥ 馈线刀切割馈线时转动的是馈线刀而不是馈线。

⑦ 所有接头处都用工具拧紧，确保无松动。

⑧ 成端后馈线应与 GPS 天线接口连接。

⑨ 按照"1+3+3"防水包扎规范处理接头防水。

（4）同轴电缆成端步骤

同轴电缆连接头由馈线接头主体、绝缘片、线夹、衬套和螺帽5个部件组成。同轴电缆连接头组成如图5-86所示。

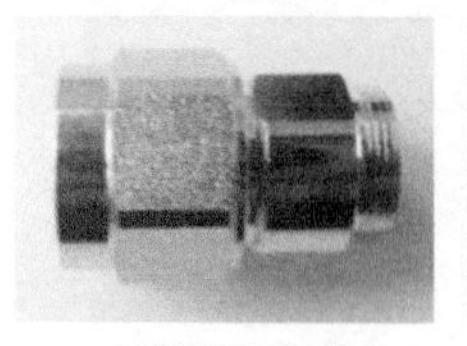

馈线接头主体

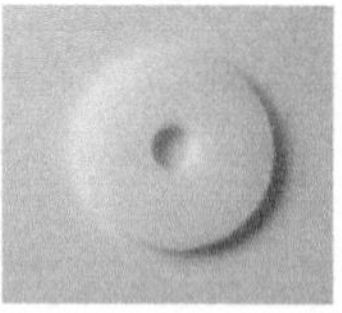

绝缘片

线夹

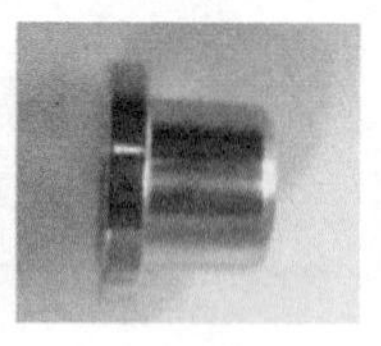

衬套

螺帽

图5-86 同轴电缆连接头组成

同轴电缆连接头制作分10个步骤完成，具体步骤如图5-87到图5-96所示。

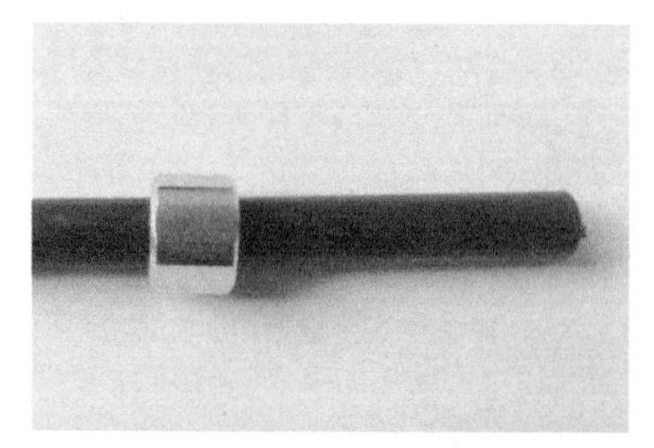

图5-87 将同轴电缆穿入连接头下部件螺帽

图5-88 用美工刀在同轴电缆头15mm处开剥外护套

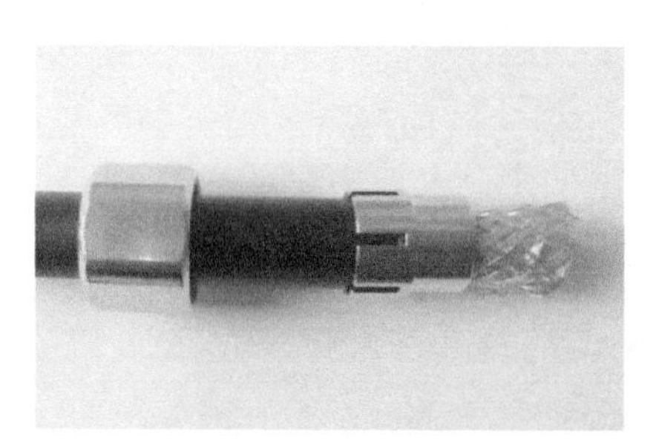

图5-89 穿入线夹

图5-90 翻开屏蔽网，穿入衬套，并将衬套压入线夹

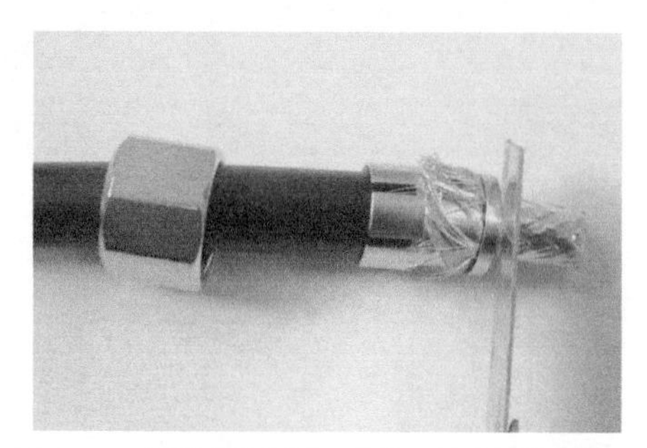

图5-91 沿衬套端面剥开铝箔层及内导体绝缘层

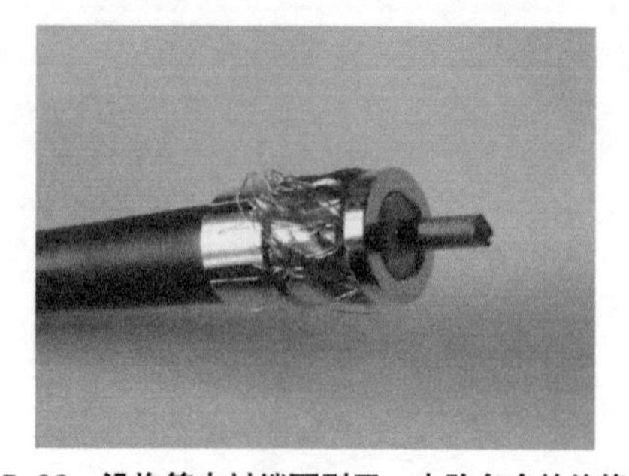

图5-92 沿抱箍内衬端面剥开，去除多余的绝缘层

图 5-93　将内导体裁剪至 6 ～ 8mm，锉平并清洁铜屑

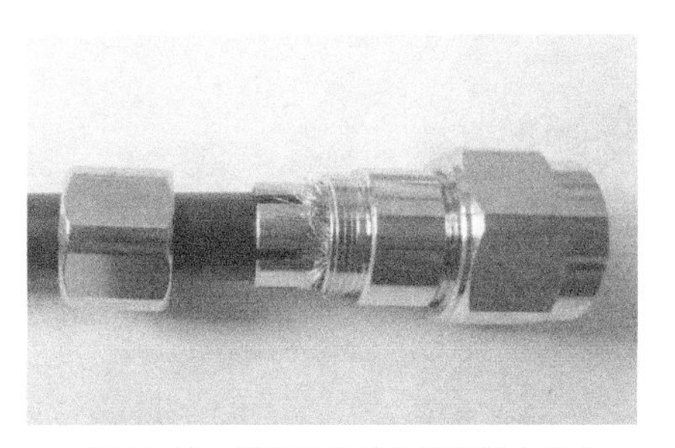

图 5-94　把绝缘片放入连接头主体内，再将内导体插入连接头主体，用手紧固螺帽

图 5-95　用扳手旋转螺帽，确保紧固（注意紧固时只能拧螺帽）

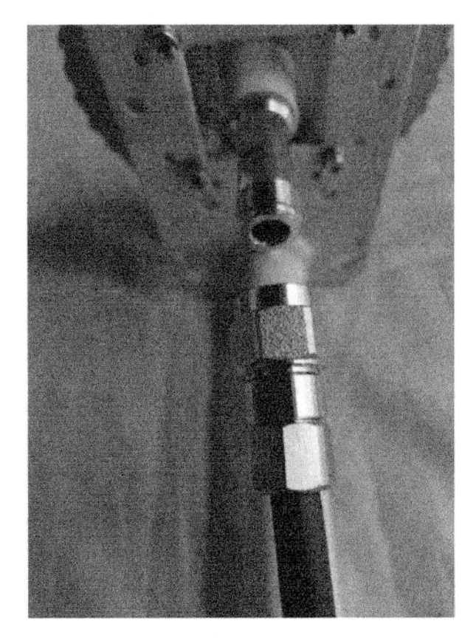

图 5-96　同轴电缆与 GPS/BDS 天线连接并紧固

（5）1/2 馈线的布放及避雷器安装步骤

① 根据设计图纸及现场环境裁剪长度适宜的馈线，馈线应完好，无挤压、破皮等现象。

② 将馈线展开平铺，无打卷。

③ 沿设计路由固定馈线。

④ 在室内靠近馈线窗或进入一体化机柜后 1m 范围内，安装避雷器。

避雷器如图 5-97 所示。

（6）1/2 馈线的布放技术要求

① 馈线接头包扎末端 10cm 以内不得起弯。

② 馈线弯曲半径应≥15 倍其馈线外径。

③ 馈线进入馈线窗前应留有防水弯。

④ 避雷器与走线架和一体化机柜之间必须做绝缘处理。

⑤ 避雷器接地线应引接至室外地排。

（7）GPS/BDS 线缆接地制作

GPS/BDS 线缆接地应使用专用接地线夹，安装可分为 3 个步骤，具体步骤如图 5-98 至图 5-100 所示。

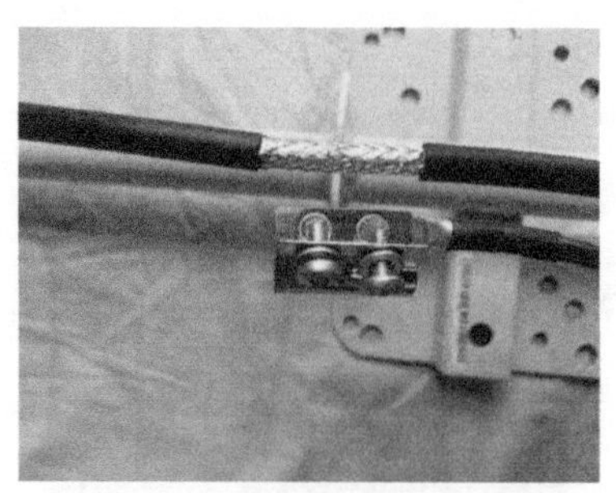

图 5-98　在距馈线头 400mm 处剥出屏蔽层，开剥长度与接地线夹一致

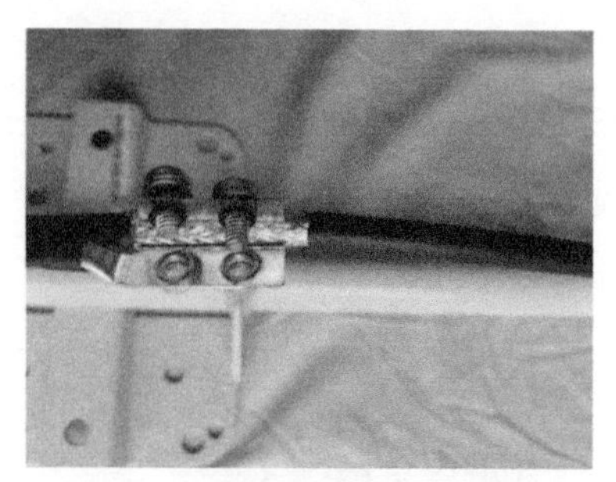

图 5-99　用接地卡夹住馈线屏蔽层，并紧固螺丝

（8）“1+3+3”防水缠绕处理步骤

① 按照“1+3+3”防水缠绕规范处理接头防水，即 1 层绝缘胶带、3 层防水胶带、3 层绝缘胶带。

② 第 1 层用绝缘胶带从下往上叠加缠绕一层，胶带之间重叠 1/3。

③ 第 2 层用防水胶带先从下往上，再从上往下，最后从下往上叠加缠绕 3 层，防水胶带之间重叠 1/2，注意缠绕过程中防水胶带应拉伸至原长的 1.5 倍左右。

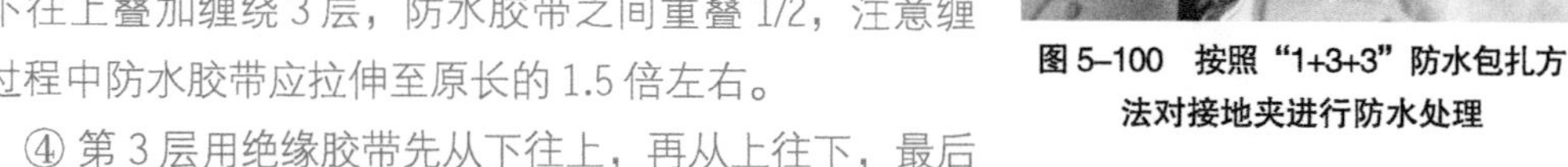

图 5-100　按照“1+3+3”防水包扎方法对接地夹进行防水处理

④ 第 3 层用绝缘胶带先从下往上，再从上往下，最后从下往上叠加缠绕 3 层，胶带之间重叠 2/3。最后在上下缠绕末端往内 10mm 处用扎带封口。“1+3+3”防水缠绕法示意如图 5-101 所示。

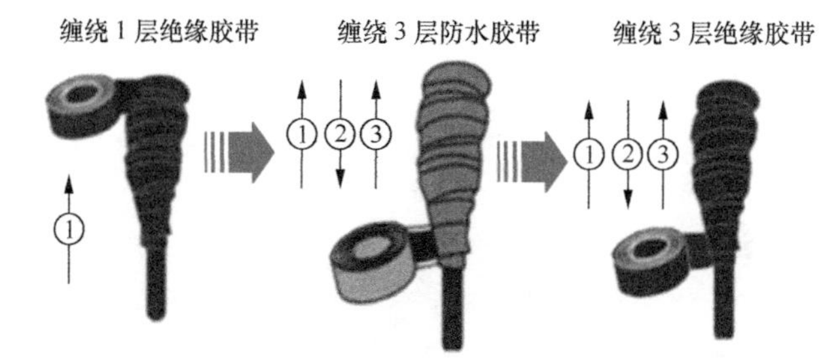

图 5-101　“1+3+3”防水缠绕法示意

（9）“1+3+3”防水缠绕处理的技术要求

① 每层胶带（泥）应在距馈线头末端或距上一层缠绕胶带（泥）10mm 处起步或继续下一层的缠绕。

② 胶带收尾时应用美工刀或斜口钳剪切胶带，不得直接扯断。

③ 扎带剪切口应平整，且保留 2～3 齿余量。

④ 缠绕过程中应保持胶带及胶泥拉紧并紧贴，确保缠绕后无松散。

Chapter 6

第6章

5G室内分布设备安装

2G/3G时代，移动通信网络在低频段工作，室内覆盖可以通过室外宏站信号覆盖室内和建设传统室内分布式天线系统（Distribute Antenna System，DAS）解决。4G时代，传统室内分布系统仍然是解决室内覆盖的主要手段。但5G时代，由于传统室内分布系统的无源器件和馈线不支持高频段，不能对器件进行监控，改造成本高，不能大规模扩容，因此只能用于某些低频段、低容量场景（例如隧道、地下停场、电梯等）。为解决以上问题，各个厂家纷纷推出新型数字化室内分布系统，例如华为的LampSite、中兴通讯的Qcell、爱立信的Radio Dot、诺基亚的Flexi Zone等。与传统DAS相比，新型数字化室内分布系统具有工程实施简单、可实现可视化运维和多通道多入多出技术、容易扩容及演进等优点。

本章以华为的 LampSite 系统为例，介绍新型数字化室内分布系统的安装过程。华为的 LampSite 系统由基带处理单元（BBU）、集成器单元（Radio frequency remote HUB，RHUB）和射频拉远单元（pico Remote Radio Unit，pRRU）（本章以 pRRU5913 为例）组成。LampSite 系统组成如图 6-1 所示。

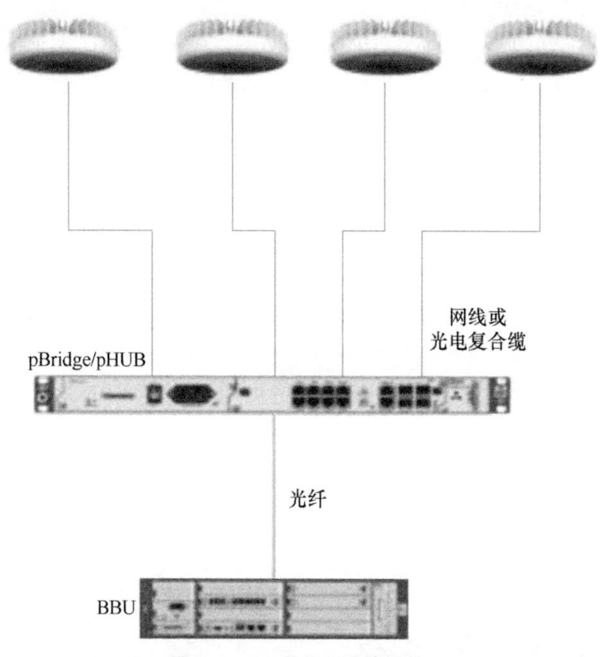

图 6-1　LampSite 系统组成

6.1 BBU 安装

LampSite 系统使用的 BBU 同 5G 室外基站，因此详细安装步骤可参考第 5 章无线设备安装相关章节。

6.2 RHUB 安装

RHUB 的安装流程主要包括安装 RHUB、安装 RHUB 线缆、RHUB 硬件安装检查等。RHUB 安装流程如图 6-2 所示。

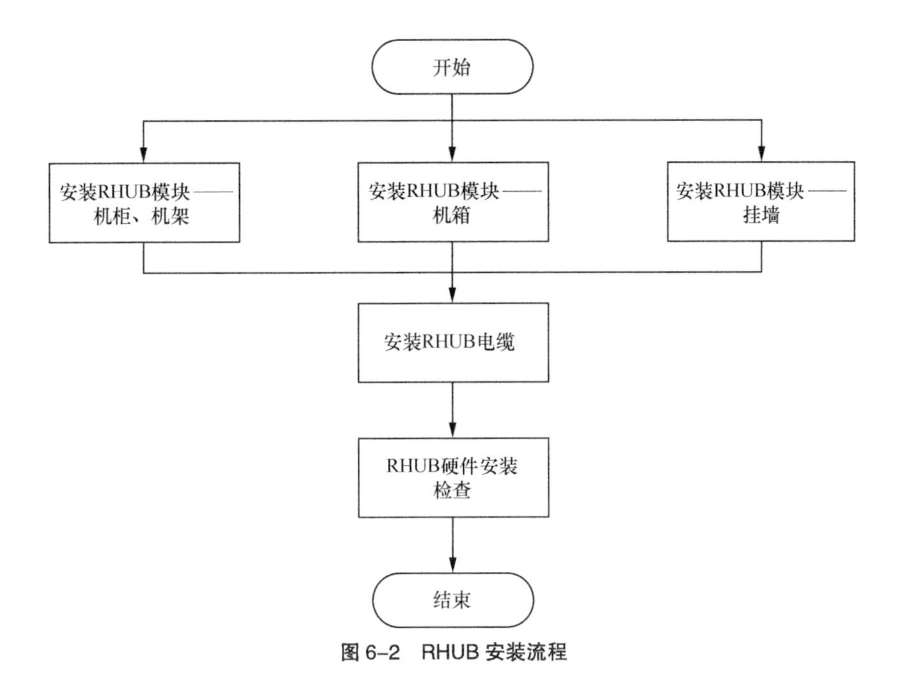

图 6-2 RHUB 安装流程

RHUB 可安装在机柜、机架和机箱中，也可以挂墙安装。现以 RHUB 安装在 48.26cm（19 英寸）机柜中为例，具体安装步骤如下。

① 托住 RHUB 盒体，使安装挂耳对准设计指定安装孔位，拧紧固定螺丝。

② 布放 RHUB 保护地线。

③ 布放 RHUB 和 pRRU 间网线，并制作水晶头。

④ 布放 BBU 与 RHUB 间、RHUB 与 RHUB 间的 CPRI 光纤，注意光纤两端收发（Tx/Rx）对应关系。

⑤ 布放 RHUB 电源线。

RHUB 接线关系如图 6-3 所示。

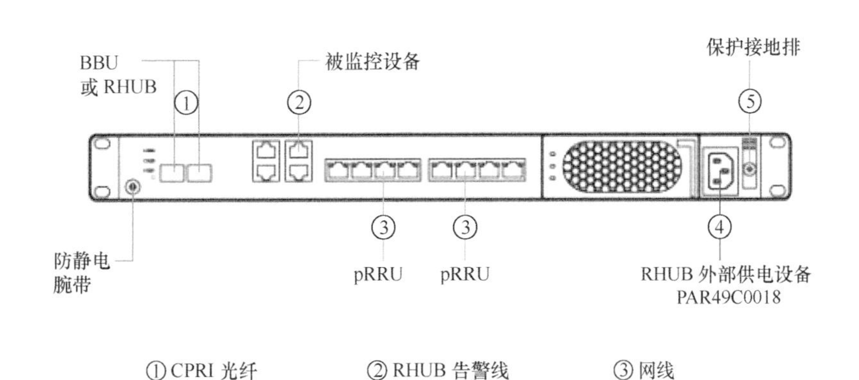

图 6-3 RHUB 接线关系

⑥ 安装情况检查。

RHUB 必须可靠接地，否则会导致设备工作异常，甚至会产生人身安全隐患。

模块的安装位置应严格与设计图纸相符，并满足相应安装空间要求。

6.3 pRRU（pRRU5913）安装

pRRU 安装主要包括安装 pRRU、安装 AC/DC 电源适配器、安装 pRRU 线缆及硬件检查等。pRRU 安装流程如图 6-4 所示。

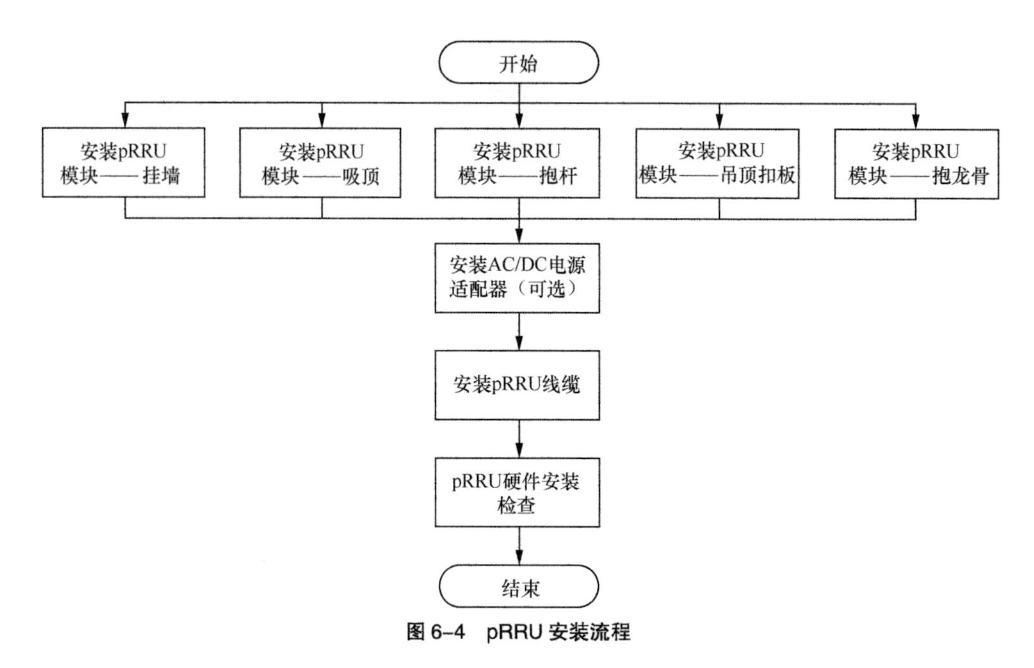

图 6-4　pRRU 安装流程

根据不同的安装环境，pRRU 可安装在室内墙面、室内天花板、吊顶扣板上，也可以固定在室内金属桅杆、龙骨上，现以室内墙面挂墙安装为例，安装步骤如下。

① 根据施工设计及 pRRU 安装空间要求，确认 pRRU 的安装位置。

② 将 pRRU 安装背板放置于确定的安装位置处，用记号笔标记 4 个定位点，注意保证背板边缘直线竖直向下。

③ 在定位点处，用直径为 6mm 的冲击钻打孔。

④ 使用吸尘器将所有孔位内部、外部的灰尘清除干净，再对孔距测量，对于误差较大的孔需重新定位、打孔。

⑤ 将 4 个塑料膨胀管打入孔内，用螺丝固定背板，安装时扣件的箭头标识需朝上。

⑥ 将 pRRU 模块上 4 个挂钩推入背板上的孔中，即可完成固定安装。

⑦ 根据需要安装 AC/DC 电源适配器（选装）。

⑧ 安装网线至 CPRI_E0 接口（来自 RHUB）。

如果无其他选装配件，那么至此 pRRU 安装完毕。pRRU 端口如图 6-5 所示。

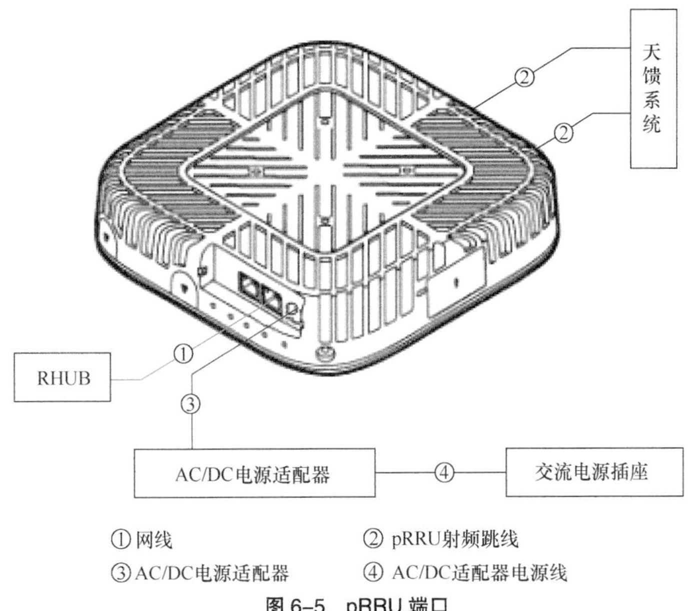

① 网线　　② pRRU射频跳线
③ AC/DC电源适配器　　④ AC/DC适配器电源线

图 6-5　pRRU 端口

⑨ 硬件安装检查。

安装环境满足设备要求。

pRRU 安装应稳固。

安装完成后，务必撕掉塑胶壳上的保护膜，否则会影响模块散热，导致模块无法正常运行。

Chapter 7

第 7 章

收尾

设备安装完成后进入施工收尾环节，收尾环节主要包括施工质量自检、材料、工作量统计及作业现场清理等。

7.1 施工质量自检

现场施工完毕后，施工班组应从铁件安装、机架安装、电池安装、线缆布放、天馈安装、防雷接地等方面对站点施工质量进行自检。施工质量自检见表 7-1。

表 7-1　施工质量自检

序号	分类	不合格类型	是否合格
1	设备通用 001	竣工图纸与实际不符	
2	铁件 001	走线架、凹钢两个加固点之间距离超标	
3	铁件 002	走线架安装不水平，立柱垂直误差＞1‰	
4	铁件 003	所有走线架未接地，接地距离大于 5m，未正确加装毛刺垫片	
5	铁件 004	铁件切割处未经打磨并做防锈处理	
6	铁件 005	凹钢断头处未加装堵头板	
7	铁件 006	螺栓螺丝不匹配或安装不满足规范要求	
8	机架 001	机架安装位置与设计不符	
9	机架 002	机架抗震加固不足，加固件垂直度不够，安装不牢固	
10	机架 003	机架垂直度误差＞机架高度的 1‰，新立机架与相邻机架正面不平齐	
11	机架 004	机架表面有无变形破损现象	
12	机架 005	汇流条在走线架上安装时，汇流条与走线架之间未通过绝缘物连接	
13	电池 001	电池组安装位置与设计不符	
14	电池 002	电池之间的连接条连接不正确，连接螺栓、螺母未拧紧，未全部加装塑料盒盖	
15	电池 003	电池接点未涂覆导电脂	
16	电池 004	电池组的单体电池上未正确标注电池序号	

续表

序号	分类	不合格类型	是否合格
17	电池 005	电池线出线有交叉、触地现象，走向位置影响扩容	
18	电池 006	电池体安装在铁架上不牢固，配有缓冲胶垫的未进行安装	
19	电池 007	电池各列排放不整齐，每列外侧不在同一条直线上，偏差大于 3mm	
20	线缆布放 001	线缆布放有较明显不平直，各线缆存在交叉现象	
21	线缆布放 002	绑扎线缆有变形现象，室内扎带未齐根剪平，室外扎带未留有余长，线扣朝向不一致，间距不均匀	
22	线缆布放 003	交流线、直流线、信号线、接地线应分开布放	
23	线缆布放 004	线缆有破损、断裂现象，中间存在接头	
24	线缆布放 005	线缆两端未悬挂标签	
25	线缆布放 006	室外标签未做防水处理措施	
26	线缆布放 007	线缆布放不满足弯曲半径的要求	
27	线缆布放 008	线缆在进出配线箱、走线架下线、走线槽转弯等电缆外皮易受损伤的情况下未做保护	
28	线缆布放 009	线缆连接位置、所接熔丝、空气开关应符合设计要求	
29	线缆布放 010	380V 电源线色谱 ABC 三相色错误	
30	线缆布放 011	光纤连接线两端的预留长度不满足维护要求，盘放曲率半径＞40mm	
31	成端 001	光纤在走线架上和设备内未按要求保护	
32	成端 002	线缆成端铜鼻子和线缆规格未保持一致	
33	成端 003	线缆成端＞70mm^2 铜鼻子制作未压接 3 道	
34	成端 004	线缆成端处有露铜、剪股现象	
35	成端 005	线缆、铜鼻子成端处未使用相应颜色的热缩套管或胶带缠绕保护	
36	成端 006	线缆在铜鼻子上方不足一倍铜鼻子的长度处起弯	
37	成端 007	所有螺杆穿法未遵循从内往外，从左向右，从下往上的原则，未正确使用平垫、弹垫	
38	成端 008	传输线缆成端焊点不光滑，存在虚焊、假焊、漏焊现象，缩头超过 1mm	

7.2 材料、工作量统计

施工质量自检完毕后，施工班组组长还应该根据站点实际完成工作量填报《建筑安装工程量总表》（建筑安装工程量总表示例见表7-2）和《现场材料使用平衡表》（现场材料使用平衡表示例见表7-3），以便工程完成后与建设单位结算工程费用。

表7-2　建筑安装工程量总表示例

工程名称：　　　　　　　　　　　　　　　　站名名称：

定额编号	项目名称	单位	新定额	数量		备注
				安装	拆除	
TSW1-011	电源分配架（柜）带电更换空气开关、熔断器	个	1.00			
TSW1-009	安装电源分配架（柜）、箱（壁挂式）	架	1.38			
TSD3-013	安装48V铅酸蓄电池组（200Ah以下）	组	3.03			
TSW1-046	数据电缆（10芯以下）	百米条	0.71			
TSW1-051	绑扎数据电缆（10芯以下）	条	0.08			
TSW1-053	放绑软光纤[设备机架间放、绑（15m以下）]	米条	0.29			
TSW1-054	放绑软光纤[设备机架间放、绑（每增加1m）]	米条	0.03			
TSW1-060	室内布放电力电缆[16mm^{2}以下]	十米条	0.15			
TSW1-060	室内布放电力电缆[16mm^{2}以下（2×10mm^2）]	十米条	0.17			
TSW1-060	室内布放电力电缆[16mm^{2}以下（2×16mm^2）]	十米条	0.17			
TSW1-061	室内布放电力电缆（35mm^{2}以下）	十米条	0.20			
TSW1-062	室内布放电力电缆（70mm^{2}以下）	十米条	0.29			
TSW1-087	封堵电缆洞	处	0.80			
TSW1-010	安装电源分配架（柜）、箱（架顶式）	架	0.60			
TSW1-027	安装防雷箱（室内安装）	套	1.49			
TSW2-108	安装、调测光电转换模块	个	0.30			
TXL7-030	光分路器与光纤线路插接	端口	0.03			
TSW1-032	安装防雷器	个	0.25			
TSW1-038	安装波纹软管	十米	0.12			
TSW2-048	配合调测天、馈线系统	扇区	0.47			
TSW2-081	配合基站系统调测（定向）	扇区	1.41			

续表

定额编号	项目名称	单位	新定额	数量		备注
				安装	拆除	
TSW2-094	配合联网调测	站	2.11			
TSW2-095	配合基站割接、开通	站	1.30			
TSW2-050	安装基站主设备（室内落地式）	架	5.92			
TSW2-052	安装基站主设备（机柜 / 箱嵌入式）	台	1.08			
TSW2-071	扩装设备板件	块	0.50			
TXL7-029	机架（箱）内安装光分路器（安装高度 1.5m 以上）	台	0.40			
TXL7-023	安装光分纤箱、光分路箱（架空式）	套	0.56			
TSD3-081	安装变换器	个	0.53			
TSW1-058	布放射频拉远单元（RRU）用光缆	米条	0.04			
TSW1-068	室外布放电力电缆 [16mm^2 以下（3×2.5mm^2）]	十米条	0.23			
TSW1-068	室外布放电力电缆 [16mm^2 以下（双芯）]	十米条	0.20			
TSW1-068	室外布放电力电缆（16mm^2 以下）	十米条	0.18			
TSW1-069	室外布放电力电缆（35mm^2 以下）	十米条	0.25			
TSW1-088	天线美化处理配合用工（楼顶）	副	0.38			

表 7-3 现场材料使用平衡表示例

项目名称： 站点名称：

现场使用情况					库房领用情况	
A 端	B 端	线缆规格	实际用量 /m	废、余料 /m	线缆规格	数量 /（m/ 台）
DCDU	开关电源柜	1×25mm^2（蓝）			2×16mm^2（黑）	
	开关电源柜	1×25mm^2（红）			1/2 馈线（GPS 线）	
	MU	1×6mm^2（红）			1×25mm^2（蓝）	
	MU	1×6mm^2（蓝）			1×25mm^2（红）	
	EGB[1]	16mm^2（黄绿）			1×6mm^2（红）	
	AAU	2×16mm^2（黑）			1×6mm^2（蓝）	
塔体防雷（室外）	AAU	16mm^2（黄绿）			16mm^2（黄绿）	

1 EGB：Electrical Ground Bus，电气接地母线，这里指室外防雷接地排。

续表

现场使用情况					库房领用情况	
A 端	B 端	线缆规格	实际用量 /m	废、余料 /m	线缆规格	数量 /（m/ 台）
GPS 头	GPS 射频跳线	1/2 馈线（GPS 线）			3 × 1mm² 3 × 2.5mm²	
交转直模块	电表箱	3 × 1mm² 3 × 2.5mm²			AAU	
IGB[1]	MU 机框	16mm²（黄绿）				
交转直模块	EGB	16mm²（黄绿）				
					现场使用汇总	
					线缆规格	数量 /（m/ 台）
					2 × 16mm²（黑）	
					1/2 馈线（GPS 线）	
					1 × 25mm²（蓝）	
					1 × 25mm²（红）	
					1 × 6mm²（红）	
					1 × 6mm²（蓝）	
					16mm²（黄绿）	
					3 × 1mm² 3 × 2.5mm²	
					AAU	

1 IGB：Indoor Ground Bus，室内接地母线，这里指室内保护接地排。

续表

现场使用情况					库房领用情况	
A 端	B 端	线缆规格	实际用量 /m	废、余料 /m	线缆规格	数量 /（m/ 台）
					现场余料汇总	
					线缆规格	数量 /（m/ 台）
					$2\times16mm^2$（黑）	
					1/2 馈线（GPS 线）	
					$1\times25mm^2$（蓝）	
					$1\times25mm^2$（红）	
					$1\times6mm^2$（红）	
					$1\times6mm^2$（蓝）	
					$16mm^2$（黄绿）	
					$3\times1mm^2$ $3\times2.5mm^2$	
					AAU	

施工队长： 现场监理： 仓库：

日期： 日期： 日期：

7.3 作业现场清理

以上工作全部完成后，施工班组离开现场前要将作业现场清理干净，施工产生的废弃物应妥善处置，不得随意丢弃，以免造成环境污染。

参考文献

1. 中国通信企业协会通信工程建设分会. YD/T 5230—2016 移动通信基站工程技术规范 [S]. 北京：北京邮电大学出版社，2016.

2. 华夏邮电咨询监理有限公司. YD 5125—2014 通信设备安装工程施工监理规范 [S]. 北京：北京邮电大学出版社，2014.

3. 中国通信建设第二工程局. YD/T 5067—2005 900/1800MHz TDMA 数字蜂窝移动通信网工程验收规范 [S]. 北京：北京邮电大学出版社，2006.

4. 山东省邮电规划设计院有限公司. YD/T 5026—2005 电信机房铁架安装设计标准 [S]. 北京：北京邮电大学出版社，2006.

5. 中国通信建设集团有限公司. YD 5201—2014 通信建设工程安全生产操作规范 [S]. 北京：北京邮电大学出版社，2014.

6. 中讯邮电咨询设计院有限公司. GB 51194—2016 通信电源设备安装工程设计规范 [S]. 北京：中国计划出版社，2016.

7. 中国通信建设集团有限公司. GB 51199—2016 通信电源设备安装工程验收规范 [S]. 北京：中国计划出版社，2016.

8. 京移通信设计院有限公司. YD 5059—2005 电信设备安装抗震设计规范 [S]. 北京：北京邮电大学出版社，2006.

9. 中讯邮电咨询设计院有限公司. GB 50689—2011 通信局（站）防雷与接地工程设计规范 [S]. 北京：中国计划出版社，2012.

10. 公安部第一研究所，公安部科技信息化局. GB 50348—2018 安全防范工程技术规范 [S]. 北京：中国计划出版社，2018.

11. 北京诚公通信工程监理股份有限公司. YD 5205—2014 通信建设工程节能与环境保护监理暂行规定 [S]. 北京：北京邮电大学出版社，2014.